柳江流域

生态环境保护修复研究

主　编◎叶宗达

副主编◎文　斌　黄飞波　覃　融

西南财经大学出版社

中国·成都

图书在版编目(CIP)数据

柳江流域生态环境保护修复研究/叶宗达主编;文斌,黄飞波,覃融副主编.—成都:西南财经大学出版社,2022.7
ISBN 978-7-5504-5340-1

Ⅰ.①柳…　Ⅱ.①叶…②文…③黄…④覃…　Ⅲ.①流域环境—生态环境保护—研究—广西②流域环境—生态恢复—研究—广西　Ⅳ.①X321.267

中国版本图书馆 CIP 数据核字(2022)第 072545 号

柳江流域生态环境保护修复研究
Liujiang Liuyu Shengtai Huanjing Baohu Xiufu Yanjiu
主　编　叶宗达
副主编　文　斌　黄飞波　覃　融

策划编辑:孙　婧
责任编辑:李思嘉
责任校对:李　琼
封面设计:墨创文化
责任印制:朱曼丽

出版发行	西南财经大学出版社(四川省成都市光华村街 55 号)
网　址	http://cbs.swufe.edu.cn
电子邮件	bookcj@ swufe.edu.cn
邮政编码	610074
电　话	028-87353785
照　排	四川胜翔数码印务设计有限公司
印　刷	郫县犀浦印刷厂
成品尺寸	170mm×240mm
印　张	13.75
字　数	256 千字
版　次	2022 年 7 月第 1 版
印　次	2022 年 7 月第 1 次印刷
书　号	ISBN 978-7-5504-5340-1
定　价	88.00 元

本书编委会

主　编　叶宗达

副主编　文斌、黄飞波、覃融

编委会成员　吴静、江凡、莫仁斌、胡月秋、林志强、贺斐、谢绍英、王显彬、韦美侠、于淼、杨彬彬、韦帆泽、彭引、莫桂柏、韦柳东、卢德鑫、陆慧、杨腾、徐金双、吴成华、叶炜婷、刘玮

前言

2020 年，国家发展改革委、自然资源部联合印发了《全国重要生态系统保护和修复重大工程总体规划（2021—2035 年）》，着眼于基本实现社会主义现代化和美丽中国的要求，从国家层面对今后一段时期重要生态系统保护和修复工作进行了系统谋划，提出了实施全国重要生态系统保护和修复重大工程的总体思路、主要目标、总体布局、重大工程、重点任务和支持政策，是推进全国重要生态系统保护和修复重大工程建设的总体设计，是编制和实施有关重大工程专项建设规划的重要依据，对推动全国和地方生态保护和修复工作具有战略性、指导性的作用。

流域是指一条河流或一个水系的集水区，是河流或水系的水量补给和水质净化空间。我国地域辽阔，江河湖泊星罗棋布，流域成为国土空间重要的组成部分，既是人类的主要活动空间，也是工农业聚集和生态环境敏感的地带。当前，全国各地高度重视对流域维度开展生态环境保护，建立健全各项保护措施，加快生态文化建设。

柳州地处西江经济腹心地带，是西江经济带上游的工业城市，对西江流域乃至珠三角地区生态安全具有重要影响。本书为统筹推进柳江流域山水林田湖草的整体保护、系统修复、综合治理，构建国土空间生态保护和修复新格局，根据柳州市所推进的生态保护和环境修复工作，结合水环境保护压力大、沿线地质灾害防治形势严峻、历史遗留矿山地质环境恢复治理任务重、森林生态功能脆弱、生物多样性受到威胁等突出的生态环境问题，充分论证了柳江流域生态修复的实施与对策。本书具体从以下几个方面进行探索分析：一是以人地关系理论、可持续发展理论、"两山"理论和生态经济理论构建本书的生态环境保护修复理论框架；二是根据柳江流域自然条件和社会经济发展状况分析其生态环境的内在机制，多维度识别和诊断柳江流域生态环境问题；三是通过问题诊断和各支流实际特征部署九万山水源涵养和生物多样性保护单元、融江流域水土保持和石漠化治理单元、洛清江流域生态环境综合整治单元、柳江干流水环境治理和矿山生态修复单元；四是根据各个修改单位的特点实施水源涵养和生物多样性保护工程、石漠化生态修复工程、矿山生态修复工程、水环境保护与综合整治工程、土地整理及质量提升工程、林业生态修复工程；五是从"生态—社会—经济"维度评估生态修复工程实施后带来的人与自然协同可持续发展效益；六是针对生态环境修改工程实施做环境影响与节能评价，以及识别社会稳定风险与防范，同时建立相应的保障体系。

　　本书较深入地探索了柳江流域生态环境发展的现状、问题和对策，对生物多样性保护、生态安全屏障、生态文明建设等具有一定指导意义。柳江流域生态环境保护修复研究涉及学科较多，涵盖研究内容较广泛，本书在阐述过程中难免有一些遗漏，书中不足之处敬请读者谅解，并提出宝贵意见。

编者

2022 年 5 月

目录

第一章　绪论

第一节　关于柳江流域（柳州）选择的解释

本书尝试从广西壮族自治区柳江流域柳州段出发，基于柳州市工业发展水平较高的特点，结合土地管理事权，进行更优的生态环境治理分析。

一、从柳江流域（柳州）的面积、人口和经济来看

柳江流域总面积为 57 173 平方千米，广西壮族自治区境内柳江流域面积达40 901 平方千米，柳州市境内的柳江流域长达 420 千米，面积为 17 596.171 4 平方千米，约占广西壮族自治区柳江流域面积的 43.02%，是柳江流域范围内最主要的城市；广西壮族自治区柳江流域总人口约为 555.7 万人，柳州市人口约为 394.89 万人，约占广西壮族自治区柳江流域总人口的 71.06%。截至 2020年年末，柳州市地区生产总值（GDP）为 3 176.94 亿元，广西壮族自治区柳江流域范围内其他城市如桂林市地区生产总值为 2 130.41 亿元、河池市地区生产总值为 927.71 亿元、来宾市地区生产总值为 705.72 亿元，结合面积综合分析各城市占广西壮族自治区柳江流域面积的比重，得出结论：与柳江流域其他城市相比，柳州市占广西壮族自治区柳江流域面积较大，对整个广西壮族自治区柳江流域的经济发展具有较大影响力。

二、从柳州市发展所遇到的生态问题来看

广西壮族自治区柳江流域城市工业发展迅速，集中于柳州市，柳州市号称中国西部的工业重镇，其工业产业涵盖 30 多个行业，2009 年全市已拥有工业企业 3 400 多家，其中规模以上的企业有 430 家，国家大型企业有 11 家，广西柳州钢铁（集团）有限公司、上汽通用五菱汽车股份有限公司、柳工集团、

东风柳州汽车有限公司、柳州五菱汽车有限责任公司五家企业跻身全国工业企业 500 强。工业产业具体包括汽车、冶金、机械、农副食品加工、医药制造、纺织等，其中，汽车、冶金、机械为三大支柱行业。截至 2019 年年底，三大支柱行业的工业总产值达 3 434.7 亿元。柳州市现已形成了支柱产业与传统产业并存的现代工业体系，拥有着一批在国内外市场上具有较强竞争力和较高市场占有率的优势企业和名牌产品。

柳州市作为广西第一大工业城市和中国西部重要的制造基地，要做到工业与山水和谐同生共长，经济发展与环境保护共同进步，并非易事。随着城市的迅速发展，一些始料未及、不尽人意的负面效应逐渐显露，柳江流域柳州段的企业为经济发展做出重要贡献的同时也造成了退役场地的空气污染、粉尘污染、土壤异味、地下水污染等环境问题，对整个柳江流域的生态环境极其不友好。除了工矿企业生产影响水环境和土壤质量外，声环境质量也受到交通和生活噪声的影响。工业废水和生活污水从近 50 条沟渠日日夜夜直接排入柳江，使柳江成为"纳污河"，柳州市更是背上了"酸雨之都"的沉重包袱。痛定思痛，近年来，柳州市开始走上了艰难的铁腕治污之路，市政府不断推出相关政策，建立防御监测机制，柳州锌品厂等企业搬迁改造，对 559 家"散乱污"企业进行整治，对 40 家重点行业企业完成清洁化改造，一批电镀厂退城进园。经过一系列的整治修复，柳州市实现了从"酸雨之都"到全国"水质冠军"的蝶变。2020 年及 2021 年，柳州市在全国地级及以上城市国家地表水考核断面水环境质量排名中位列全国第一。

2021 年 9 月 29 日，柳州市人大常委会副主任梁日春在举行新闻发布会上指出，随着柳州市经济社会快速发展，柳江流域仍存在个别工业项目污水排放超标、生活污水随意排放、渔业和禽畜养殖污染水体、河道砂石乱采滥挖、沿河餐饮经营直排垃圾和污水等问题，在监督管理体制上还存在管理职责不清、管理措施不严、监管考核不力、执法依据不足等问题。为切实解决流域生态环境保护中存在的问题，保障流域的生态安全，保持并提升来之不易的水环境质量的良好状态，该会称《柳州市柳江流域生态环境保护条例》自 2021 年 10 月 1 日起正式发布实施，以解决流域生态环境中存在的问题，为柳江流域生态环境保护竖起一道坚实的法治屏障。

由此可见，生态保护修复并非一蹴而就，而是要在取得进步的同时咬紧牙关，继续前进。"十二五"期间，柳州市在经济上取得较快发展，资源、能源需求大幅增加，在人口年均增长较快的情况下，柳江流域的环境保护和建设取得了显著的成效，但是在"十二五"期间力图解决一些环境问题的进展却较缓慢，这导致环境问题越发复杂，污染源呈现工业、生活、农业、机动车污染并存的格局。环境污染呈现复合型污染特征和存在灰霾等环境问题不容忽视，柳江流域柳州段的生态环境未能得到彻底改善。由于环境问题的复杂性和累积性，环境保护工作仍存在一些问题和困难。城市污染严重，生态环境遭到破坏，再经负反馈机制进一步加剧了城市生态环境恶化。因此，迅速扭转这一趋势，大力开展柳江流域柳州段生态环境保护修复工作，具有极为紧迫的意义。

综上所述，由于柳州在柳江流域内的重要地位，及其在快速发展中所遇到的种种生态环境问题，根据生态环境问题及治理效益分析，结合土地事权管理，本书研究的对象将聚焦柳州市境内的柳江流域，即柳江流域（柳州）。

第二节　柳江流域（柳州）生态环境保护修复的意义

一、党中央高度重视社会主义生态文明建设

（一）我国生态文明建设和生态环境保护方面历史性成就

我国高度重视生态文明建设和生态环境保护。1972 年我国派团参加联合国第一次人类环境会议之后，于 1973 年召开了第一次全国环境保护会议，此后，环境保护被提上国家重要议事日程。改革开放时期，党和国家将保护环境立为基本国策，纳入国民经济和社会发展计划，提出以预防为主、"谁污染谁治理"和强化环境管理的三大环境政策，逐步建立国家和地方环境保护机构，为生态环境保护事业奠定了坚实的基础。

1992 年，联合国环境与发展大会在巴西里约召开之后，我国接轨国际、立足国情，将可持续发展确立为国家战略，污染防治思路由末端治理向生产全过程控制转变、由浓度控制向浓度与总量控制相结合转变、由分散治理向分散与集中控制相结合转变，社会主义生态环境保护事业在可持续发展中不断向前推进。

进入 21 世纪，党中央提出树立和落实科学发展观、建设资源节约型和环境友好型社会等新思想，要求由重视经济增长、轻视环境保护转变为保护环境与经济增长并重，由环境保护滞后于经济发展转变为环境保护和经济发展同步，从主要用行政办法保护环境转变为综合运用法律、经济、技术和必要的行政办法解决环境问题，社会主义生态环境保护事业在科学发展中不断进步。

党的十八大以来，以习近平同志为核心的党中央把生态文明建设作为关系中华民族永续发展的根本大计，大力推动生态文明理论创新、实践创新、制度创新，形成了习近平生态文明思想，引领我国生态文明建设和生态环境保护从认识到实践发生了历史性、转折性、全局性变化。

（二）以习近平同志为核心的党中央高度重视生态文明建设的重要体现

以习近平同志为核心的党中央高度重视社会主义生态文明建设，坚持把生态文明建设作为统筹推进"五位一体"总体布局和协调推进"四个全面"战略布局的重要内容。

一是战略谋划部署不断加强。在"五位一体"总体布局中，生态文明建设是其中一位；在新时代坚持和发展中国特色社会主义基本方略中，坚持人与自然和谐共生是其中一条；在新发展理念中，绿色发展是其中一项；在三大攻坚战中，污染防治是其中一战；在21世纪中叶建成社会主义现代化强国目标中，美丽是其中一个。

二是绿色发展成效逐步显现。坚决贯彻新发展理念，大力推动产业结构、能源结构、交通运输结构、农业投入结构调整。清洁能源占能源消费比重达24.3%，光伏、风能装机容量、发电量均居世界首位。资源能源利用效率大幅提升，碳排放强度持续减弱。截至2020年年底，我国单位GDP二氧化碳排放量较2005年降低了约48.4%，超额完成下降40%～45%的目标。

三是生态环境质量持续改善。坚决向污染宣战，"十三五"规划纲要确定的生态环境9项约束性指标超额完成。2020年全国地级及以上城市空气质量优良天数比2015年增长5.8%，细颗粒物未达标的地级及以上城市平均浓度下降了28.8%；全国地表水优良水体比例由66%提高到83.4%，劣V类水体比例由9.7%下降到0.6%；全国受污染耕地安全利用率和污染地块安全利用率双双超过90%；全国森林覆盖率达到23.04%，自然保护地面积占全国陆域国土面积的18%，初步划定的生态保护红线面积约占陆域国土面积的25%以上。人民群众身旁的蓝天白云、清水绿岸明显增多，生态环境的获得感、幸福感、安全感显著增强。

四是生态文明制度体系不断完善。加快生态文明体制改革，出台了几十项生态文明建设相关具体改革方案，生态文明四梁八柱性质的制度体系基本形成，制定、修订20多部生态环境领域法律和行政法规，生态环境法律体系日趋完善。中央生态环境保护督察工作深入推进，成为推动落实生态环境保护责任的一把"利剑"。

五是全球环境治理贡献日益凸显。我国作为全球生态文明建设的重要参与者、贡献者、引领者，引领全球气候变化谈判进程，推动《巴黎协定》达成、签署、生效和实施，提出碳达峰、碳中和目标愿景，展现负责任大国担当。深入开展绿色"一带一路"建设。昆明成功申请举办《生物多样性公约》缔约方大会第十五次会议，我国生态文明建设成就得到国际社会的高度认可。

习近平总书记在党的十九大报告中要求，坚持人与自然和谐共生，必须树立和践行绿水青山就是金山银山的理念，坚持节约资源和保护环境的基本国策，像对待生命一样对待生态环境，统筹山水林田湖草系统治理，实行最严格的生态环境保护制度，形成绿色发展方式和生活方式，坚定走生产发展、生活富裕、生态良好的文明发展道路，建设美丽中国，为人民创造良好生产生活环境，为全球生态安全做出贡献。

必须坚持节约优先、保护优先、以自然恢复为主的方针，形成节约资源和保护环境的空间格局、产业结构、生产方式、生活方式，还自然以宁静、和谐、美丽①。

2020年8月，习近平总书记在中共中央政治局会议中指出："要贯彻新发展理念，遵循自然规律和客观规律，统筹推进山水林田湖草沙综合治理、系统治理、源头治理。"

2021年4月30日，习近平总书记在就新形势下加强我国生态文明建设主持中央政治局第二十九次集体学习时指出，站在人与自然和谐共生的高度来谋划经济社会发展，统筹污染治理、生态保护、应对气候变化，促进生态环境持续改善，努力建设人与自然和谐共生的现代化。8月30日，习近平总书记主持召开中央全面深化改革委员会第二十一次会议时强调，巩固污染防治攻坚成果，坚持精准治污、科学治污、依法治污，以更高标准打好蓝天、碧水、净土保卫战，以高水平保护推动高质量发展、创造高品质生活，努力建设人与自然和谐共生的美丽中国。10月12日，习近平总书记以视频方式出席《生物多样性公约》第十五次缔约方大会领导人峰会时发表主旨讲话，强调秉持生态文明理念，共建地球生命共同体，开启人类高质量发展新征程，郑重宣布中国持续推进生态文明建设、保护生物多样性、应对气候变化的务实举措。11月1日，习近平总书记向《联合国气候变化框架公约》第二十六次缔约方大会世

---

① 新华社. 习近平：决胜全面建成小康社会 夺取新时代中国特色社会主义伟大胜利——在中国共产党第十九次全国代表大会上的报告[EB/OL]. [2017-10-27]. http://www.gov.cn/zhuanti/2017-10/27/content_5234876.htm.

界领导人峰会发表书面致辞，提出合作应对气候变化、推动世界经济复苏三点建议，宣布中国实现碳达和峰碳中和、应对气候变化的重大举措①。11 月 12 日，习近平总书记在亚太经合组织第二十八次领导人非正式会议上讲话时指出，要坚持人与自然和谐共生，积极应对气候变化，促进绿色低碳转型，努力构建地球生命共同体。中国将力争 2030 年前实现碳达峰、2060 年前实现碳中和，支持发展中国家发展绿色低碳能源②。

党中央对社会主义生态文明建设的高度重视，进一步丰富和拓展了习近平总书记生态文明思想。柳江流域（柳州）山水林田湖草生态保护修复工作，以习近平总书记生态文明思想为指导，统筹推进山水林田湖草综合治理、系统治理、源头治理，是对党中央、对社会主义生态文明建设的高度呼应。

二、坚持绿水青山就是金山银山的理念

广西壮族自治区的柳江流域地处西江上游水源涵养与土壤保持重要生态功能区腹地，位于桂西生态屏障区的核心区，属国家"三区四带"中的南方丘陵山地带。其中，"三区"指的是青藏高原生态屏障区、黄河重点生态区（含黄土高原生态屏障）、长江重点生态区（含川滇生态屏障）；"四带"指的是东北森林带、北方防沙带、南方丘陵山地带、海岸带。南方丘陵山地带行政区划涉及广西壮族自治区，含南岭山地森林及生物多样性国家重点生态功能区和武夷山等重要山地丘陵区。

2021 年 4 月，习近平总书记在广西考察时，对广西生态文明建设和环境保护做出重要指示，勉励广西要坚持正确的生态观、发展观，深入推进生态修复和环境污染治理，在推动绿色发展上迈出新步伐，写好绿水青山就是金山银山的大文章。习近平总书记十分关心广西流域的综合治理、生态保护工作，强调广西要坚持山水林田湖草沙系统治理，要求广西把保持山水生态的原真性和完整性作为重要工作，杜绝滥采乱伐，推动流域生态环境持续改善、生态系统持续优化、整体功能持续提升。2021 年 3 月 6 日，国务院总理李克强来到十三届全国人大四次会议广西代表团参加审议政府工作报告时指出，广西要推进绿色发展，坚持绿水青山就是金山银山的理念，加强污染治理和生态保护。2022 年 3 月 6 日，全国人大代表、广西壮族自治区主席蓝天立在全国两会期间接受

---

① 资料来源：生态环境部。

② 新华社. 习近平在亚太经合组织第二十八次领导人非正式会议上的讲话 [EB/OL]. [2021-11-12]. https://baijiahao.baidu.com/s？id=1716227666340469366&wfr=spider&for=pc.

中新社专访时指出："广西是我国南方重要生态屏障，承担着维护生态安全的重大职责，习近平总书记称赞'广西生态优势金不换'，要求我们在推动绿色发展上迈出新步伐。我们将坚决贯彻习近平生态文明思想，全面践行绿水青山就是金山银山理念，推动经济社会发展全面绿色转型，加快建设美丽广西和生态文明强区。"① 实施柳江流域（柳州）山水林田湖草生态保护修复工程，既是坚持山水林田湖草生命共同体、协同推进生物多样性治理的科学实践，又是西部地区坚持生态保护、推进绿色发展的必然选择。

三、相关方案的延续

根据相关文件②，坚持尊重自然、顺应自然、保护自然，坚持以保护优先、自然恢复为主，坚持综合治理、系统治理、源头治理的原则，广西壮族自治区编制了《柳江流域（柳州）山水林田湖草生态保护修复工程实施方案》。该方案涉及 5 区、5 县，计划投资 49.50 亿元，实施期限为 2022—2026 年。本书作为此方案的延续，深入研究柳江流域（柳州）生态环境保护与修复的机制，通过对柳江流域（柳州）生态环境的保护修复，优化生态安全屏障体系，构建生态廊道和生物多样性保护网格，提升生态系统质量和稳定性，筑牢柳江流域的重要生态屏障。

第三节　柳江流域（柳州）生态环境保护修复的必要性、重要性和可行性

一、项目实施的必要性

（一）珠江—西江生态屏障的必要保障

柳江是珠江水系西江干流第二大支流，是广西壮族自治区北部的主要河流，整个柳江流域地跨桂、黔、湘三省区，地处西江上游水源涵养与土壤保持重要生态功能区腹地，是粤港澳大湾区清洁水源桥头堡和泛北部湾大工业生态支撑区。

---

① 资料来源：广西学习平台。
② 《财政部办公厅自然资源部办公厅生态环境部办公厅关于组织申报中央财政支持山水林田湖草沙一体化保护和修复工程项目的通知》（财办资环〔2021〕8 号）。

1. 粤港澳大湾区清洁水源桥头堡

2007 年，柳州市行政区内 444.4 千米长的柳江河，其中水质达标的河流长为 372.4 千米，达标率为 83.8%，柳州市有两个供水水源地接受监测评价，其中一个达到优良等级，另一个为尚好等级。柳州市地下水应急备用水源工程于 2013 年 1 月建成启用，共有 9 处水源地，分布于四区一县。9 处水源地共有 83 口水井，每天供水量 30 万立方米，经抽样检测，水质大部分为 Ⅱ 类及 Ⅱ 类以上，可满足市区百姓正常生活用水。2013 年，柳州市"清洁水源"专项活动成效明显，有水葫芦污染的河流基本上得到清理，在 76 个乡镇划定了 93 个饮用水水源保护区，柳江流域（柳州）河水水质得到进一步保证。2021 年 1 月 15 日，生态环境部通报 2020 年 1—12 月国家地表水考核断面水环境质量状况排名前 30 位城市及所在水体，柳州市在全国 300 多个地级及以上城市中排名第一；3 月 16 日生态环境部再次发布 2021 年 1—2 月国家地表水考核断面水环境质量状况排名前 30 位城市及所在水体名单，柳州市再次名列第一。除此之外，柳州市三江侗族自治县还是重要水源涵养区、水土保持的重点预防保护区，同时属于北部水资源涵养及生态保护区[①]。流域内九万山国家自然保护区水质条件较好，饮用水源地水质属 Ⅰ 类，河流水体水质属 Ⅱ 类以上。该地是广西重要的水源林区，是广西壮族自治区柳江流域众多支流的发源地和水量补给区，关系到柳江流域乃至西江流域的粤港澳广大地区的生产生活用水需要和生态安全，故称其为粤港澳大湾区清洁水源桥头堡。

2. 泛北部湾大工业生态支撑区

泛北部湾经济区属于中国—东盟自由贸易区，范围覆盖广西北部湾经济区，广西北部湾经济区岸线、土地、淡水、海洋、农林、旅游等资源丰富，环境容量较大，生态系统优良，人口承载力较高，开发密度较低，发展潜力较大，是我国沿海地区规划布局新的现代化港口群、产业群和建设高质量宜居城市的重要区域。目前，该地区工业发展水平较低，近海地区生态保护及修复压力较大，与周围国家合作发展形成泛北部湾经济区的同时，柳江流域（柳州）作为该区域最大的工业基地，拥有较好的生态系统支持（如柳江水域水环境质量状况全国排名第一，有九万山国家级自然保护区等），对该地区工业生态影响巨大，更需兼顾工业与生态的平衡，利用自然保护区、森林生态系统、地下水资源等的优势条件为工业发展和山水风光做生态支撑；因此，柳江流域

---

① 分区依据为《广西壮族自治区生态功能区划》（2008 年）。

（柳州）对泛北部湾经济区工业发展具有重要作用，可谓泛北部湾大工业生态支撑区。

因柳江流域在涵养水源、净化水质、水土保持、生物多样性保护、洪水调蓄等方面具有重要的生态功能作用，在 2015 年 11 月发布的《全国生态功能区划（修编版）》中，柳江流域（柳州）被列入全国重要生态功能区。全国生态功能区划的制定，对于贯彻落实科学发展观，牢固树立生态文明观念，维护区域生态安全，促进人与自然的和谐发展具有重要意义。

广西壮族自治区柳江流域位于桂西生态屏障区的核心区，担负着以石漠化治理、恢复林草植被、水源涵养、生物多样性保护为主要内容的重要生态建设任务。2012 年 1 月 15 日，位于广西壮族自治区柳江流域上游的龙江河宜州市①怀远镇河段水质出现异常，发生重金属镉严重超标的水污染事件，直接危及柳江流域下游（柳州市）沿江群众的饮水安全，柳州市民一度出现市民抢购矿泉水的情况，这起污染事件对龙江河沿岸众多渔民和柳州市三百多万市民的生活造成严重影响。虽然柳江流域水质多年保持优良，但流域依然存在重金属、面源污染等潜在生态风险，生态系统依然脆弱。柳江流域（柳州）山水林田湖草生态保护修复围绕珠江—西江生态环境防护屏障的生态功能，通过石漠化治理、土地整治、矿山修复、造林种草、自然地保护等一系列生态建设工程，将极大地改善柳江流域（柳州）的生态环境条件，筑牢珠江—西江重要生态屏障，落实党中央、国务院为珠江—西江经济带发展确定的绿色发展、保护生态的要求。

2021 年 4 月，习近平总书记在广西壮族自治区考察，一路上对生态文明建设做出重要指示。习近平总书记十分关心广西的生态文明建设，在桂林听取了漓江流域综合治理情况汇报后指出："我最关注的就是你们甲天下的山水。什么能比得上这里的生态好？保护好桂林山水，是你们的首要责任。"在听取广西壮族自治区党委和政府工作汇报时，习近平总书记再次强调："广西生态优势金不换，保护好广西的山山水水，是我们应该承担的历史责任。"②

广西"十四五"规划中也明确提出，要以桂西桂北生态屏障和西江水系为主体的生态廊道为重点，加强广西壮族自治区生态环境治理和保护修复力度。柳江流域（柳州）地处广西西江流域核心区，项目的实施承载着"绿水

---

① 现为河池市宜州区。

② 新华网."加油、努力，再长征！"——习近平总书记考察广西纪实［EB/OL］.［2021-04-29］. https://baijiahao.baidu.com/s？id=1698312399112395768&wfr=spider&for=pc.

青山就是金山银山"的理念带领老百姓走向幸福生活的希望。

（二）我国生物多样性保护的必要保障

广西壮族自治区柳江流域是我国亚热带森林系统核心区域、西江流域重要的水源涵养区和生态屏障，属于我国生物多样性保护优先区域范围中的南岭生物多样性保护优先区域①。广西壮族自治区柳江流域物种资源丰富，拥有5个自然保护区（九万山国家自然保护区、元宝山国家自然保护区、拉沟自然保护区、泗涧山大鲵自然保护区、三锁鸟类自然保护区），其中国家级自然保护区2个（九万山国家自然保护区、元宝山国家自然保护区）；拥有6个森林公园［三门江国家森林公园、元宝山国家森林公园、红茶沟国家森林公园、君武自治区级森林公园、险山（洛清江）自治区级森林公园、玉华森林公园］，其中3个国家级森林公园（三门江国家森林公园、元宝山国家森林公园、红茶沟国家森林公园）；拥有2个地质公园，其中国家级地质公园1个（鹿寨香桥岩溶国家地质公园），面积共计1 150.6平方千米，是国家一级保护动物黑颈长尾雉、中华穿山甲、鼋、蟒蛇、熊猴、白颈长尾雉、黑颈长尾雉、黄腹角雉、梅花鹿、林麝等珍稀动物和中国特有树种元宝山冷杉的重要栖息地，以及自治区级地质公园1个（广西融安石门自治区级地质公园），面积约为4.67平方千米。

近年来柳江流域（柳州）人口增长迅速，仅2011—2020年，柳州市常住人口就增长了10.62%，年平均增速为1.01%，分别高于广西平均水平1.71、0.15个百分点，快速的人口增长使得流域内人地矛盾日益突出，而本地区快速的工业化和城镇化造成地区生态空间碎片化、孤岛化现象严重，也使得生物多样性保护承压严重；同时，为了解决农林业的发展问题，柳江流域（柳州）从20世纪60年代即引入桉树种植，现已成为当地林业支柱产业，该地区成为全国桉树种植规模和密度最大的流域之一。种植速生桉影响生态环境的问题一直以来是广西壮族自治区的热点问题，速生桉的根部会释放一些化学物质影响附近水源、农作物等；种植速生桉为经济带来发展的同时也造成了水土流失、地块板结，影响农作物，造成水质污染，破坏生态环境问题；其生长过程不利于水源涵养、保护植被。近年来，广西各地开展"清桉"工作，对区划为全

① 其位于我国南岭山区，地跨江西省、湖南省、广东省、广西壮族自治区、贵州省五省（区），是长江流域和珠江流域的分水岭。优先区域总面积为90.087平方千米，涉及5个省（区）的79个县级行政区，包括25个国家级自然保护区，重点保护冷杉林、银杉林、穗花杉林等的生态系统以及福建柏、长柄双花木、元宝山冷杉、瑶山鳄蜥等重要物种及其栖息地。

国和广西重点生态主体功能区的县（市、区），原则上不再扩大桉树种植面积。2020 年 12 月，柳州市鱼峰区自然资源局发布《关于开展桉树更新改造工作的通告》，要求在 5 年内逐步清退桉树，新种植的桉树将不得采伐，2026 年起全面停止采伐桉树。作为外来物种的桉树对本地生态系统产生了严重的不利影响，造成当地生物多样性急速退化，已经严重威胁南岭生物多样性保护优先区域的生物多样性保护工作。实施柳江流域（柳州）山水林田湖草生态保护修复工程，坚持山水林田湖草生命共同体，协同推进生物多样性保护和治理工作，是对习近平总书记生态文明思想的深入实践，是加强我国生物多样性保护的重要抓手。

（三）生态敏感区水土保持的必要保障

广西壮族自治区柳江流域地处全国生态功能区划中的西南喀斯特土壤保持重要区，该区地处中亚热带季风湿润气候区，发育了以岩溶环境为背景的特殊生态系统。该区生态系统极其脆弱，水土流失敏感程度高，土壤一旦流失，生态恢复重建难度极大，极易引发石漠化。此外，柳州市作为西江经济带龙头城市，近年来经济发展迅速，但频繁的人为活动也导致水土流失面积逐渐增加。柳江流域多年的平均降雨量、洪峰总量、洪水总量居西江诸大支流之首，流域特殊的气候地形条件（柳江流域是广西暴雨中心之一）和日益加剧的开发活动，造成了本地区严重的水土流失问题。柳州市位于以水力侵蚀为主的南方红壤区和西南岩溶区，根据全国水土保持区划，属于南岭山地丘陵二级区和黔桂山地丘陵二级区，属于桂中低山丘陵土壤保持三级区和黔桂山地水源涵养三级区（见表 1-1）。柳江流域（柳州）属于喀斯特地貌，岩溶较为发育，是以石灰岩、砂页岩为主的中低山石灰岩山区，陡坡耕作造成的水土流失比较严重。根据柳州市 2017 年水土流失遥感普查，柳州市共有水土流失面积 3 694.12 平方千米，占全市土地总面积的 19.86%。相比较于 2011 年水土流失普查所得水土流失面积 3 691.1 平方千米，并没有显著的增长。

表 1-1 广西水土保持区划成果（柳州部分）

全国区划名称			广西区划名称	范围
一级区	二级区	三级区		
南方红壤区	南岭山地丘陵区	桂中低山丘陵土壤保持区	桂中低山丘陵土壤保持区	城中区、鱼峰区、柳南区、柳北区、柳江区、柳城县、鹿寨县
西南岩溶区	黔桂山地丘陵区	黔桂山地水源涵养区	桂北山地水源涵养区	融安县、融水苗族自治县、三江侗族自治县

资料来源：《柳州市水土保持规划 2019—2030》。

目前，柳江流域（柳州）水土流失问题持续发展不仅加剧了生态敏感地区石漠化，而且造成了严重的山洪地质灾害，贝江流域等柳江支流常年发生严重山洪灾害，贝江流域主要地质灾害有滑坡、崩塌、泥石流、地面塌陷，地质灾害点（隐患点）密度大于 0.05 个/平方千米。2010 年广西壮族自治区融水苗族自治县地质灾害调查与区划报告显示，该年地质灾害点有 160 处，其中滑坡有 103 处、崩塌有 48 处、泥石流有 7 处、地面塌陷有 2 处。此外，尚有 35处不稳定斜坡，是滑坡或崩塌的隐患点，地质灾害造成的损失达 321.11 万元，死亡人数为 22 人。其中，滑坡造成的损失达 169.6 万元，死亡 12 人；崩塌造成的损失达 72.51 万元，死亡为 2 人；泥石流造成的损失达 48.3 万元，死亡 8人；不稳定斜坡变形造成的损失达 30.7 万元。大量的采石场、取土场以及锰矿等资源开采对流域地表植被破坏较为严重，造成水土流失的同时也造成了地区局部区域滑坡、崩岗侵蚀严重，从而公路被阻断、设施被摧毁等问题。水土流失问题使该地区成为西江流域山洪地质灾害最频繁、最严重的地区之一。

柳江流域（柳州）山水林田湖草生态保护修复的实施，以流域生态环境综合整治为重点，可极大地提升重点流域范围的水土保持能力，增强水源涵养功能，改善耕地质量，完善抵御自然灾害的能力，是完成国家生态战略布局的必要举措。

（四）国家"双重规划"落实的必要保障

当前，我国已进入决胜全面建成小康社会，进而全面建设社会主义现代化强国的新时代，加强生态保护和修复对于推进生态文明建设、保障国家生态安全具有重要意义。根据党中央统一部署，"实施重要生态系统保护和修复重大工程，优化生态安全屏障体系"被列为落实党的十九大报告重要改革举措及中央全面深化改革委员会 2019 年工作要点，"加强生态系统保护修复"被写入 2019 年《政府工作报告》。为贯彻落实党中央、国务院决策部署，国家发展改革委、自然资源部会同科技部、财政部、生态环境部、水利部、农业农村部、应急管理部、中国气象局、国家林草局等有关部门，在充分调研论证的基础上，共同研究编制了《全国重要生态系统保护和修复重大工程总体规划（2021—2035年）》（以下简称"双重规划"）。

"双重规划"是党的十九大后生态保护和修复领域第一个综合性规划，其围绕全面提升国家生态安全屏障质量、促进生态系统良性循环和永续利用的总目标，以统筹山水林田湖草生态保护修复为主线，明确了到2035年全国生态保护和修复的主要目标。柳江流域（柳州）位于"三区四带"当中的南方丘陵山地带生态保护和修复重大工程的重点区，柳江流域（柳州）山水林田湖草生态保护修复紧紧围绕"双重规划"中关于本地区桂岩溶地区石漠化综合治理工程的定位，因地制宜地采取封山育林育草、人工造林（种草）、退耕还林还草、土地综合整治等多种措施，着力加强林草植被保护与恢复，推进水土资源合理利用开展林草植被保护与恢复，是落实国家"双重规划"的必要举措。

二、项目实施的重要性

（一）中央对广西重要指示的必然要求

在"十四五"开局之年，中央把广西列为第二轮第三批八个生态环境保护督察的省（区）之一，这充分体现了中央对广西发展的高度重视和关心支持。2021年4月25—27日，习近平总书记在广西视察期间，勉励广西要坚持正确的生态观、发展观，深入推进生态修复和环境污染治理，在推动绿色发展上迈出新步伐，写好绿水青山就是金山银山的大文章。习近平总书记十分关心广西河流流域的综合治理、生态保护工作，强调广西要坚持山水林田湖草沙系统治理，要求广西把保持山水生态的原真性和完整性作为重要工作，杜绝滥采乱伐，推动流域生态环境持续改善、生态系统持续优化、整体功能持续提升。

在柳江流域（柳州）开展山水林田湖草生态保护修复工作，是巩固广西脱贫攻坚成果、守住发展和生态"两条底线"、走绿色发展新路的重要举措，是全面理解和深入贯彻落实习近平总书记生态文明思想和对广西关心、厚爱的实际行动。

（二）人与自然和谐共处的重要途径

广西壮族自治区柳江流域境内主要城市柳州市享有"世界第一天然大盆景"的美誉，百里柳江景区被誉为承载工业城市与生态和谐发展的最佳范例，柳江流域更是多民族人居环境示范区，但是近年来流域人口快速增长和城镇化进程加速，引发山水林田湖草一系列生态问题，流域人地矛盾日益突出，各类灾害频繁发生。近年来，随着习近平总书记将生态文明建设作为国家发展的基石，流域生态环境条件逐渐向好，但本流域仍存在土地开发产生的水土流失和石漠化、大规模种植桉树产生的生物多样破坏和水源涵养能力退化、建设自然保护区产生的原住民生计发展困难等问题，人多地少的矛盾依然突出，坚守发展和生态两条底线的压力依然较大。本书保护修复工作将通过实施土地碎片化整合、保护保育、自然恢复、辅助再生、生态重塑等工程措施，在很大程度上改善柳江流域（流域）的人与自然之间的矛盾，顺应国家"绿水青山就是金山银山"的发展理念，是实现人与自然和谐共处的重要途径。

（三）经济绿色低碳发展的重要途径

柳州是广西壮族自治区最大的生态工业城市，工业比例在广西居首位，占广西总工业的1/4，作为地方经济支柱的汽车、冶金、机械等产业具有高能耗、高碳排放的特点。柳江流域（柳州）山水林田湖草生态保护修复工程的实施，可增加地区耕地、林地数量，提升地区耕地、林地质量，改善地区耕地、林地生态，不仅能改善地区农林业发展严重依赖人工桉树林产业的现状，而且为本地高碳排放的重工业实现碳中和创造有利条件。地区耕地、林地数量和质量的提升，对柳江流域（柳州）宝贵的土地资源保有量起到了很好的保护作用，使得区域内的农林业生产力得以保障，还将为今后地方土地资源的开发利用创造了先决条件。通过本次生态治理工程的实施，可以有效改善柳江流域（柳州）内的生态环境现状，这不仅能够提高流域内民众生活质量，而且能够促进当地的经济发展，保障地方经济的可持续发展，对实现当地经济可持续发展的战略目标具有重大的现实意义以及深远的历史意义。

（四）地区乡村振兴发展的重要机遇

习近平总书记在党的十九大报告中指出，农业农村农民问题是关系国计民生的根本性问题，必须始终把解决好"三农"问题作为全党工作的重中之重，实施乡村振兴战略。随后，国务院2018年中央1号文件《中共中央国务院关于实施乡村振兴战略的意见》公布，并要求各地区各部门结合实际认真贯彻落实。柳江流域（柳州）地处云贵高原向南方丘陵地带过渡，区域内壮、苗、瑶、侗等少数民族村镇聚集，社会经济发展较为落后，其中三江侗族自治县、融水苗族自治县是国家乡村振兴重点帮扶县，是乡村振兴战略落实的重要部署区。

在柳江流域（柳州）开展山水林田湖草生态环境保护修复工作，将生态保护修复与脱贫攻坚成果巩固有机地结合起来，统筹生产、生活、生态"三生空间"，有利于加快构建大生态与乡村振兴深度融合、百姓富与生态美有机统一的制度体系，有利于解决突出资源环境问题，有利于满足地区内汉族、壮族、苗族、瑶族、侗族等各族人民群众对美好生活的需求，让人民群众共建绿色家园、共享绿色福祉。本项目的实施是柳江流域（柳州）地区稳步迈向小康社会，推动区域经济均衡发展、落实国家乡村振兴战略的重要抓手。

三、项目实施的可行性

（一）技术路线的可行性

通过对柳江流域（柳州）详细的调查踏勘，充分了解和认识了范围内生态系统面临的主要问题以及存在的突出矛盾，通过对生态环境问题的诊断，秉承上游下游同治、山上山下同治、城镇乡村同治的理念，从系统性、整体性的角度出发，解决完整地理单元内的突出生态环境问题，涵盖保护保育、林业生态功能提升、石漠化治理、河道水环境综合整治、河道生态修复工程、农田生态功能提升、矿山生态环境修复、人类活动区缓冲带建设8大类工程，技术成熟，合理可行。

为保证设置的子项目在技术路线上切实可行，广西壮族自治区率先启动了项目库中多个子项目的规划设计和勘察工作，从工程设计、经费预算、组织实施等方面为柳江流域（柳州）山水林田湖草生态保护修复工程项目的实施提供了科学依据，夯实了前期工作基础，保证了其他子项目实施技术路线的可行性。

（二）子项目实施的可行性

《柳江流域（柳州）山水林田湖草生态保护修复实施方案》通过结合柳江流域生态保护相关规划，在完成子项目初步设置后，由柳江流域（柳州）内涉及的5区、5县编制各自辖区内的子项目立项建议书，经过广西壮族自治区财政厅、广西壮族自治区自然资源厅、广西壮族自治区自然资源生态修复中心联合组成专家组，赴子项目实施区进行实地踏勘，现场论证项目实施的可行性，最后调整完善形成最终的项目库。实施区各类子项目主要为解决区内重要的生态环境问题并顺应社会群众的要求，不存在项目实施引起的社会矛盾；实施区土地权属属于国有土地，不存在任何征地拆迁问题；实施区内分布有G78、G72、G209、G322等国道，也有S31、S22等省道贯穿，并已经实现村村通，为各类子项目的施工运料和器材运输提供了便利的条件；各类子项目区周边居民收入以农业收入为主，当地青壮年富余劳动力较多，能够保障项目的顺利实施；区内村镇水源、电网已覆盖，为子项目的实施提供了足够的水和电力资源。

综上可见，柳江流域（柳州）山水林田湖草生态保护修复工程子项目的设置论证充分，施工条件较好，可见本项目实施可行。

（三）资金筹措的可行性

柳江流域（柳州）山水林田湖草生态保护修复内工程量估算投资 49.50 亿元，争取中央资金 20 亿元、地方配套 8.57 亿元、社会资金 20.93 亿元。其中：地方配套资金由自治区级预算专项配套 3.92 亿元；整合辖区内水土保持资金 0.46 亿元、造林补贴 0.42 亿元、森林培育 3.77 亿元，共计 4.65 亿元；通过柳江流域（柳州）水土保持林建设、土地盘活、灾毁农田修复、土地复垦等，可筹集社会资金超 20.93 亿元。

第四节　柳江流域（柳州）生态环境保护修复的基本原则

柳江流域（柳州）生态环境保护修复的基本原则有以下几个方面：

一、系统治理原则

秉承"山水林田湖草是生命共同体"的理念，遵循生态系统的内在规律及其整体性、系统性。综合考虑区域内存在的各类生态环境问题，把石漠化治理、恢复林草植被、水源涵养、生物多样性保护作为工作核心，明确保护和修复目标，重点突出主导功能的提升和主要问题的解决，在保护和治理措施问题上要协调一致，实现综合治理、整体推进，保障区域生态安全。

相关文件①提出，要统筹考虑自然地理单元的完整性、生态系统的关联性、自然生态要素的综合性，对相互关联的各类自然生态要素进行整体保护、系统修复、综合治理，实现山上山下同治、流域上下游同治。柳江流域（柳州）山水林田湖草生态保护修复项目系统性分析如图 1-1 所示。

---

① 《山水林田湖草生态保护修复工程指南（试行）》（财办资环〔2021〕8 号）。

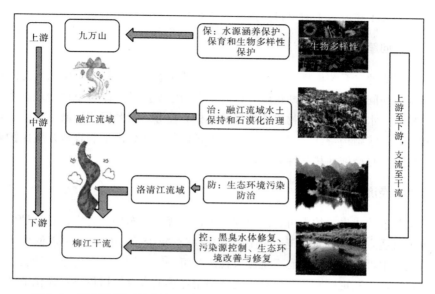

图 1-1 柳江流域（柳州）山水林田湖草生态保护修复项目系统性分析

二、分类施策原则

秉承"人与自然是生命共同体"的理念，在生态环境治理过程中，必须尊重自然、顺应自然、保护自然，工程措施设置尽量减小人工干预力度，按照生态环境问题分类施策，先易后难，设置合理、可行的生态系统修复技术策略。

三、统筹实施原则

按照全流域整体规划、总体设计、分期部署、分段实施的思路，优化国土空间格局，合理划分修复单元。统筹规划工程项目布局及措施选择，协同推进山水林田湖草生态保护修复，增强保护修复效果。根据修复单元特点和主要问题，明确具体项目布局、主要建设内容及进度安排等，科学确定保护修复的目标、任务、布局与时序。

四、保护优先原则

坚持以保护优先、自然恢复为主的治理方针，保护生物多样性和生境多样性，遵循自然生态系统的演替规律，充分发挥大自然的自我修复能力，避免人类对生态系统的过多干预。项目保护和建设的重点由事后治理向事前保护转变、由以人工建设为主向以自然恢复为主转变，实现源头治理。

五、问题导向原则

追根溯源、系统梳理隐患与风险，对自然生态系统进行全方位的生态问题诊断，提高问题识别和诊断精度。针对生态问题及风险，以石漠化治理、恢复林草植被、水源涵养、生物多样性保护为核心任务，紧紧围绕区域主导生态功能和生态系统结构特征，制定系统性的保护修复方案，因地制宜地开展保护修复，增强修复措施的科学性和针对性。

六、经济合理原则

按照节约优先、技术可行的原则，优化工程项目布局、时序，对保护修复措施进行适宜性评价和优选，提高工程效率，减少重复投资，实现低成本修复、低成本管护，促进生态系统健康稳定与可持续利用，实现生态、社会、经济综合效益。制定配套政策措施，建立稳定持续的资金筹措机制；强化绩效评估和考核，积极发挥政策的激励、约束和引导作用；发挥市场在资源配置中的决定性作用，充分调动各方面积极性，通过财政资金撬动更多社会资本投入，拓宽资金来源渠道，以最小的项目实施及资金风险，获得最大的效益，将生态文明建设的思想落到实处。

第五节　生态环境保护修复与相关规划的衔接

一、有效衔接柳州市生态环境保护"十四五"规划

项目以柳州市生态环境"十四五"规划目标为依据。到 2025 年，国土空间开发格局进一步优化，结构调整深入推进，绿色低碳发展和绿色生产生活水平明显提升；生态环境质量总体优良并有所提升，部分环境指标努力达到全区领先，市地表水环境质量状况得到巩固，主要污染物排放继续削减并达到自治区考核要求，温室气体排放快速增长趋势得到有效遏制，土壤安全利用水平持续提升，固体废物与化学品环境风险防控能力明显增强，核与辐射安全水平大幅提升；桂西、桂中生态屏障更加牢固，生态系统稳定性和生态服务功能进一步增强，生态文明制度体系更加成熟，生态环境治理能力和全社会生态文明意识显著提升，美丽柳州建设取得明显进展，国家生态文明建设示范市创建各项指标全面达到考核要求。柳州市"十四五"生态环境保护规划指标体系分为

环境质量指标、污染防治指标、生态保护指标、环境经济、应对气候变化五个类别，共21项指标。柳州市生态环境保护"十四五"规划指标体系如表1-2所示。

表1-2　柳州市生态环境保护"十四五"规划指标体系

类别	序号	指标		单位	2020年情况	2025年目标	指标属性
环境质量改善	1	集中式饮用水水源地水质达标率	市级	%	100	100	约束性
			县级	%	100	100	
	2	地表水质量	达到或好于Ⅲ类水体比例*	%	100	100	约束性
			劣Ⅴ类水体比例	%	0	0	约束性
	3	水功能区达标率		%	100	>98	指导性
	4	城市空气环境质量	PM10年平均浓度	微克/立方米	43	二级	指导性
			二氧化硫年平均浓度	微克/立方米	10		
			二氧化氮年平均浓度	微克/立方米	20		
			一氧化碳24小时平均第95百分位数浓度	毫克/立方米	1.2		
			臭氧日最大八小时滑动平均值的第90百分位数浓度	微克/立方米	115		
			PM2.5年平均浓度	微克/立方米	29	达到自治区考核要求	约束性
	5	空气质量优良率	城市	%	96.7	达到自治区考核要求	约束性
			县城	%	97.3	达到自治区考核要求	约束性
	6	声环境质量	城市区域环境噪声平均等效声级	dB（A）	56.1	≤60	指导性
			城市区域交通干线噪声平均等效声级	dB（A）	69.2	≤70	
	7	环境及辐射设施周围的辐射水平		—	在天然本底涨落控制范围内	在天然本底涨落控制范围内	指导性

表1-2（续）

类别	序号	指标		单位	2020年情况	2025年目标	指标属性
污染防治治理	8	总量控制（主要污染物排放量）	化学需氧量排放量下降率	%	［13］	达到自治区考核要求	约束性
			氨氮排放量下降率	%	［1.4］		
			氮氧化物排放量下降率	%	［15］		
			挥发性有机物排放量下降率	%	—		
	9	受污染耕地安全利用率		%	90.35	达到自治区考核要求	约束性
	10	污染地块安全利用率		%	100		
	11	城镇污水处理率	市区	%	96	100	指导性
			县城	%	>85	≥90	
	12	城镇生活污水集中收集率		%	42.8	≥65	指导性
	13	生活垃圾无害化处理率	市区	%	100	100	指导性
			县城	%	100	100	
	14	农村生活污水治理率		%	3.54	≥25	约束性
	15	城市生活污水处理厂污泥无害化处理率		%	100	100	指导性
	16	规模化畜禽养殖场配套建设废弃物处理设施比例		%	100	100	指导性
生态保护	17	森林覆盖率		%	67.02	≥65	约束性
	18	生态红线占国土面积比例		%	—	18.02%	指导性
环境经济	19	单位地区生产总值主要污染物排放量下降	化学需氧量	%	—	达到自治区考核要求	指导性
			氨氮	%	—		指导性
			二氧化硫	%	—		指导性
			氮氧化物	%	—		指导性
应对气候变化	20	单位地区生产总值二氧化碳排放量降低		%	—	达到自治区考核要求	约束性
	21	单位地区生产总值能源消耗降低		%	—	达到自治区考核要求	约束性

注：1.＊指柳州市国控、区控断面及"十四五"期间增加断面。

2.［］为5年累计数。

"十四五"规划中提出，要坚持新发展理念，以生态环境高水平保护促进经济高质量发展，加强生态系统保护与修复，统筹"山水林田湖草"生态要素，加强自然保护区管理，加快石漠化、水土流失综合治理，持续推进湿地生态系统的保护与修复，全面提升生态环境质量和生态服务功能。加快矿山生态环境修复，持续推进自治区级和市级绿色矿山建设，严格落实地方政府、矿业权人对矿山地质环境保护和土地复垦的责任，形成"源头预防、过程控制、损害恢复、责任追究"的保护责任制度体系，逐步规范采矿生产活动，推动矿山恢复优美生态环境。到 2025 年，全市湿地保护面积不低于 0.337 7 平方千米，自然岸线保有率不低于 37%，全市绿色矿山建成率达到 100%。加强生物多样性保护，设立专门保护站点，重点加强典型生态系统、珍稀濒危野生动植物种的就地保护、近地保护、迁地保护。到 2025 年，全市划定生态保护红线面积达到 2 544 平方千米，占比 18.02%。表 1-3 为柳州市生态环境保护"十四五"规划生态保护修复重点任务。

表 1-3　柳州市生态环境保护"十四五"规划生态保护修复重点任务

任务	内容
生态系统保护修复工程	全市计划植树造林 500 平方千米，完成森林抚育 5 000 平方千米。按照"北杉南桉"的思路，继续推进速生丰产林基地建设，主要造林树种良种率达到 90% 以上。在柳江河重点支流共建设生态缓冲带 45.8 千米，开展生态修复工程，恢复自然坡岸，保障干流水环境目标的实现
生态红线勘界定标工作	核定生态保护红线边界，在重点地段、重要拐点等关键控制点设立界桩，在醒目位置竖立统一规范的标识牌，并将有关信息登记入库，确保生态保护红线精准落地
绿色矿山建设	2021 年年底前，全市绿色矿山建成率达到 80%；2022 年年底前，全市绿色矿山建成率达到 100%，尚未完成绿色矿山建设的矿山企业立即停产，完成创建后恢复生产，不符合绿色矿山标准的矿山企业分类有序退出

数据来源：柳州市生态环境保护"十四五"规划。

柳江流域（柳州）山水林田湖草生态保护修复各类工程措施高度呼应"十四五"规划指标体系。具体表现在：第一，实施林业生态功能提升、保护保育工程措施，改善林地生态，对流域内各森林生态系统具有保护作用，能够使空气质量上升，一定程度上降低二氧化碳排放量，同时促进生物多样性增加，提高森林覆盖率；第二，实施河道水环境综合整治、河道生态修复工程，持续改善水环境质量，防治生活用水和工业污水对河道造成的污染，能够降低污水排放率，提高地表水质量，提高城镇污水处理率；第三，实施石漠化治理工程，通过恢复林草植被，建设畜牧业发展设施（坡改梯及配套田间生产设施）、水土保持设施等治理措施，逐步恢复受损的自然生态系统，对污染地块安全利用率的提高有一定意义；第四，实施农田生态功能提升工程，通过土地整治，完善灌排、道路、农田防护设施配套措施，实现农业优质高产高效目标，保证区域粮食安全，保护生态红线，提高生态红线占国土面积比例、受污染耕地安全利用率；第五，实施矿山生态环境修复工程，通过稳定边坡、对占用大量土地的尾矿进行二次开发，加大尾矿的综合利用率，提高土地资源的可持续利用率；第六，实施人类活动区缓冲带绿化工程，净化、美化环境，增加植物多样性，提高森林覆盖率、改善城市空气环境质量，对空气质量优良率有一定影响。实施柳江流域（柳州）山水林田湖草生态保护修复工程，与"十四五"规划主要目标及保护修复任务相契合，将增强柳州市生态系统的稳定性和生态服务功能，改善地表水环境质量状况，提高生态环境治理能力，促进美丽柳州建设。

二、项目规划符合国土空间规划要求

（一）衔接国土空间规划管制原则

本项目开展活动与国土空间规划有效衔接，且进行严格管制，尽可能减少对自然生态系统的干扰，不损害生态系统的稳定性和完整性。

1. 开发矿产资源、发展适宜产业和建设基础设施，都要控制在尽可能小的空间范围之内，并做到天然草地、林地、水库水面、河流水面、湖泊水面等绿色生态空间面积不减少。控制新增公路、铁路建设规模，必须新建的，应事先规划好动物迁徙通道。在有条件的地区，要通过水系、绿带等构建生态廊道，避免形成"生态孤岛"。

2. 严格控制开发强度，逐步减少农村居民点占用的空间，腾出更多的空间用于维系生态系统的良性循环。城镇建设与工业开发要依托现有资源环境承载能力相对较强的城镇集中布局、据点式开发，禁止成片蔓延式扩张。原则上不再新建各类开发区和扩大现有工业开发区的面积，已有的工业开发区要逐步改造成为低消耗、可循环、少排放、"零污染"的生态型工业区。

3. 实行更加严格的产业准入环境标准，严把项目准入关。在不损害生态系统功能的前提下，因地制宜地适度发展旅游、农林牧产品生产和加工、观光休闲农业等产业，积极发展服务业，根据不同地区的情况，保持一定的经济增长速度和财政自给能力。

4. 在现有城镇布局基础上进一步集约开发、集中建设，重点规划和建设资源环境承载能力相对较强的县城和中心镇，提高综合承载能力。引导一部分人口向城市化地区转移，另一部分人口向区域内的县城和中心镇转移。生态移民点应尽量集中布局到县城和中心镇，避免新建孤立的村落式移民社区。

县城和中心镇的道路、供排水、垃圾污水处理等基础设施建设应加强。在条件适宜的地区，积极推广沼气、风能、太阳能、地热能等清洁能源，努力解决农村特别是山区农村的能源需求。在有条件的地区建设一批节能环保的生态型社区。健全公共服务体系，改善教育、医疗、文化等设施条件，提高公共服务供给能力和水平。

（二）衔接国土空间规划发展方向

项目衔接国家和自治区生态保护格局，积极保障桂中生态功能区和桂北生态屏障功能，严格落实柳江、融江、洛清江等区域性河流的保护要求，逐步构建"一屏两廊两区"的生态安全保护格局。重点生态功能区要以保护和修复生态环境、提供生态产品为首要任务，因地制宜地开展不影响主体功能定位的适宜项目。

1. 水源涵养型

推进天然林草保护、退耕还林和围栏封育，治理水土流失，维护或重建湿地、森林、草原等生态系统。严格保护具有水源涵养功能的自然植被，禁止过度放牧、无序采矿、毁林开荒、开垦草原等行为。加强大江大河源头及上游地区的小流域治理和植树造林，减少面源污染。拓宽农民增收渠道，解决农民长远生计，巩固退耕还林成果。

2. 水土保持型

大力推行节水灌溉和雨水集蓄利用，发展旱作节水农业。限制陡坡垦殖和超载过牧。加强小流域综合治理，实行封山禁牧，恢复退化植被。加强对能源和矿产资源开发及建设项目的监管，加大矿山环境整治修复力度，最大限度地减少人为因素造成新的水土流失。拓宽农民增收渠道，解决农民长远生计，巩固水土流失治理、退耕还林成果。

3. 生物多样性维护型

禁止对野生动植物进行滥捕滥采，保持并恢复野生动植物物种和种群的平衡，实现野生动植物资源的良性循环和永续利用。加强防御外来物种入侵的能力，防止外来有害物种对生态系统的侵害。保护自然生态系统与重要物种栖息地，防止因生态建设致使栖息环境改变。

（三）规划用地符合国土空间规划"三条控制线"

项目选址位于柳江流域柳州市境内，并纳入正在编制的国土空间规划符合"三条控制线"情况。

1. 生态保护红线是指在生态空间范围内具有特殊重要生态功能、必须强制性严格保护的区域。优先将具有重要水源涵养、生物多样性维护、水土保持等功能的生态功能极重要区域，以及生态极敏感脆弱的水土流失、沙漠化、石漠化区域划入生态保护红线。生态保护红线内，自然保护地核心保护区原则上禁止人为活动，其他区域严格禁止开发性、生产性建设活动。

项目与正在编制的生态保护红线划定（阶段性成果）衔接，不涉及占用自然保护地核心保护区，符合相关规定，保证了生态功能的系统性和完整性，确保生态功能不降低、面积不减少、性质不改变。

2. 城镇开发边界是在一定时期内因城镇发展需要，可以集中进行城镇开发建设、以城镇功能为主的区域边界，涉及城市、建制镇以及各类开发区等。城镇开发边界划定以城镇开发建设现状为基础，综合考虑资源承载能力、人口分布、经济布局、城乡统筹、城镇发展阶段和发展潜力，框定总量，限定容量，防止城镇无序蔓延。科学预留一定比例的留白区，为未来发展留有开发空间。城镇建设和发展不得违法违规侵占河道、湖面、滩地。拟建项目须与城镇开发边界衔接，与城镇建设发展不冲突。

3. 本项目以确保数量不减少、质量不降低的永久基本农田保护为目标。为保障国家粮食安全和重要农产品供给，实施永久特殊保护的耕地。按照"优进劣出，提升质量"的要求，优先将用于粮食生产的优质集中连片的稳定耕地划入永久基本农田，包括高标准农田和高质量保护区、已划定的粮食生产功能区、糖料蔗生产保护区，并将生态退耕、划定不实、允许建设占用、零星分散的永久基本农田调出，合理优化永久基本农田布局。进一步稳定粮食产能、保障粮食安全，控制耕地非粮化。全市永久基本农田保护面积为 2 219 ~ 2 343 平方千米，永久基本农田保护率为 80% ~ 84.5%，集中分布在柳江区、柳城县、鹿寨县和融水苗族自治县南部。积极划定永久基本农田储备区，储备区面积为 26.69 平方千米，集中分布在柳江区、柳城县、鹿寨县和融水苗族自治县南部。拟建项目须确保永久基本农田保护数量不减少、质量不降低。

三、项目相关规划

柳江流域（柳州）山水林田湖草生态保护修复研究主要涉及自然资源、农业农村、生态环境、水利、林业等部门相关建设，与保护修复的主要相关规划见第八章。

第六节　柳江流域（柳州）生态环境保护修复的总体思路

以习近平总书记生态文明思想为指导，牢固树立"山水林田湖草是生命共同体"理念，坚持尊重自然、顺应自然、保护自然，坚持以保护优先、自然恢复为主，坚持宜林则林、宜草则草、宜荒则荒，统筹推进山水林田湖草综合治理、系统治理、源头治理。结合柳江流域（柳州）生态系统功能结构特点，综合考虑地理单元的完整性、生态系统的关联性、自然生态要素的综合性，围绕"两山六江"①的保护和修复，部署了九万山水源涵养和生物多样性保护单元、融江流域水土保持和石漠化治理单元、洛清江流域生态环境综合治理单元、柳江干流水环境治理和矿山生态修复单元共四个生态保护与修复单元，重点实施保护保育、林业生态功能提升、石漠化治理、河道水环境综合整治、河道生态修复工程、农田生态功能提升、矿山生态环境修复、人类活动区缓冲带绿化八大类工程措施。其研究路线如图1-2所示。

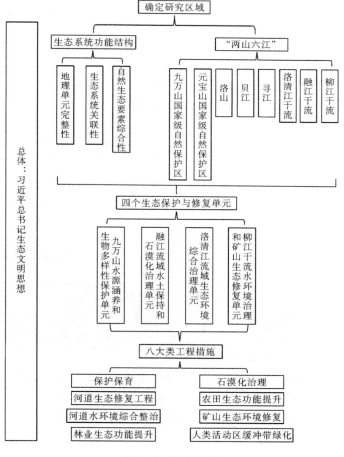

图1-2 研究路线

---

① "两山"，指九万山国家级自然保护区、元宝山国家级自然保护区；"六江"，指洛江、贝江、寻江、融江干流、洛清江干流、柳江干流生态廊道。

第七节　柳江流域（柳州）生态环境保护修复的主要内容

一、生态保护修复单元划分

从流域的整体性方面来分析，考虑柳江流域柳州段上游的水源涵养与生物多样性保护、中游的水土流失与石漠化、下游的环境流域综合治理等生态环境因素，划分了四个生态保护修复单元，生态保护修复单元划分思路如图1-3所示。

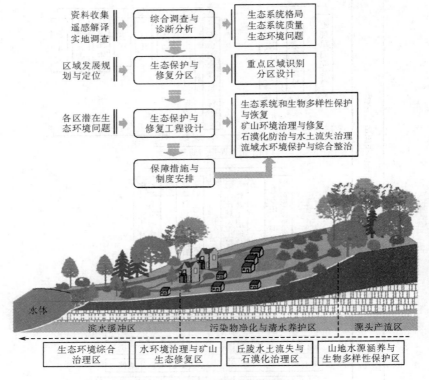

图1-3　生态保护修复单元划分思路

流域上游如三江侗族自治县、融水苗族自治县北部和中部、融安县北部属于桂北山地水源涵养与生物多样性保护功能区，该区域是中亚热带典型常绿阔叶林分布区域，山上林地茂密，生物多样性丰富。同时，该区域也是广西最大的少数民族聚居区，流域内有毛南族、仫佬族、苗族、侗族、壮族、瑶族等少数民族。长期以来，这些少数民族多居住在偏远山区，经济相对落后，随着近年来扶贫力度的加大，这些地区的特色产业得到快速发展，但柳江流域（柳州）上游山区山高林密，人均耕地较少，毁林开荒、乱砍滥伐、猎捕候鸟等事件时有发生，加剧了生物多样性和人地生产之间的矛盾，直接减少了柳江流域（柳州）的生物多样性。

流域中游如柳城县、融水苗族自治县的部分区域是广西水土流失比较严重的地区之一，该区域生态环境总体较为脆弱，山地多，宜耕面积少、坡度大，水土流失导致表层土壤变薄，养分大量流失、肥力降低、土地退化。柳江流域（柳州）石漠化土地总面积为 1 185.69 平方千米，占柳州市总面积的 5.11%。其中，轻度石漠化土地总面积为 148.37 平方千米，中度石漠化土地总面积为 410.98 平方千米，重度石漠化土地总面积为 616.29 平方千米，极重度石漠化土地总面积为 10.06 平方千米。加强石漠化监控，修复破损的生态系统，恢复生态系统的生态功能已刻不容缓。

流域下游区域内重点支流不仅承担排涝功能，而且承担部分排污功能，由于沿岸未能完全实现截污，流域内河沿岸仍有部分生活污水和周边工业废水排入，从而造成支流水质污染、超标情况严重。污水管网不健全，雨污水未分流，乱排乱放，城市面源污染直接进入河流，河道积淤，造成河流水体污染严重，部分区域存在严重的黑臭水体，民众反应强烈，这不仅损害了城市人居环境，也严重影响城市形象。

因此，根据相关文件①要求，秉承"山水林田湖草是生命共同体"理念，从生态系统的整体性、系统性考虑，从上游至下游，从支流到干流，将柳江流域（柳州）划分为四个生态保护修复单元。通过对柳江流域（柳州）山水林田湖草开展综合整治和管护，优化国土空间格局，提升生态系统的质量和稳定性。

二、生态保护修复单元内容

（一）九万山水源涵养和生物多样性保护单元

按照九万山在柳江流域（柳州）以及山体不同方位制定不同的生态修复措施，共划分为四个子项目，包括：九万山西南麓生物多样性保护项目，由民

---

① 相关文件：《广西壮族自治区主体功能区规划》《山水林田湖草生态保护修复工作指南（试行）》。

洞河分区（九万山水源林自然保护区）和沙坪河（泗涧山大鲵自然保护区）分区组成；九万山东麓水源涵养项目，由河村河分区和平等河分区组成；九万山北麓水土保持项目，由杆洞河分区和大年河分区组成；元宝山生物多样性保护项目，由都郎河上游分区和拱洞河上游分区组成。

（二）融江流域水土保持和石漠化治理单元

融江流域生态环境综合整治单元，按照不同支流流域划分为八个子项目，分别为：贝江流域中下游水土保持项目，由贝江中下游左右岸分区组成；寻江流域生态环境综合整治项目，由苗江河分区、四甲河分区、寻江干流分区和八江河分区组成；都柳江干流（三江段）水土保持和农田生态功能提升项目，由都柳江干流分区组成；沙埔河矿山生态修复和石漠化治理项目，由沙埔河流域矿山与石漠化分区、沙埔河上游分区、沙埔河中下游分区组成；石门河矿山生态修复项目，由石门河分区组成；浪溪河水土保持和矿山生态修复项目，由黄金河分区和泗顶河分区组成；保江河水土保持项目，由保江河分区组成；融江干流生态环境综合整治项目，由融江干流分区组成。

（三）洛清江流域生态环境综合治理单元

洛清江流域生态环境综合治理单元，按照支流流域划分为四个子项目：石榴河流域上游生物多样性保护和水源涵养项目，由拉沟河分区和古偿河分区组成；石榴河流域中下游生态环境综合整治项目，由水城河分区和石榴河中下游左右岸分区组成；洛江（石门河）流域水环境综合整治项目，由黄腊河分区、平山河分区、福龙河分区组成；洛清江干流矿山生态修复和农田生态功能提升项目，由洛清江干流分区组成。

（四）柳江干流水环境治理和矿山生态修复单元

在生态治理方面，本生态修复单元通过自然恢复和辅助再生等措施，达到生态、经济的和谐统一，人工模拟自然系统的垂直结构，以求在获得经济利益的同时，确保达到最大的生态效益。水环境综合治理主要包括统筹考虑自然水系完整性，合理划分地表水生态环境功能区，科学确定水质目标，大力推行排污许可管理，有效衔接环境影响评价、排污收费等制度，确保水环境质量评价结果能够客观反映质量变化情况，让公众切实感受到水环境治理效果。

柳江干流水环境治理和矿山生态修复单元，按照不同支流及干流流域划分为五个子项目：大桥河流域水土保持治理和矿山生态环境修复项目，由拉堡河分区和龙兴河分区组成；竹鹅溪流域水生态修复项目，由竹鹅溪分区组成；香兰河流域水环境综合治理项目由香兰河分区组成；沙塘河流域水土保持和水环境综合治理项目，由沙溏河分区组成；柳江干流水土保持项目，由柳江干流分区组成。

柳江流域（柳州）保护修复单元子项目分布见表1-4。

表1-4　柳江流域（柳州）生态保护修复单元子项目分布

保护修复单元	子项目名称	项目分区
九万山水源涵养和生物多样性保护单元	九万山西南麓生物多样性保护项目	民洞河分区
		沙坪河分区
	九万山东麓水源涵养项目	河村河分区
		平等河分区
	九万山北麓水土保持项目	杆洞河分区
		大年河分区
	元宝山生物多样性保护项目	都郎河上游分区
		拱洞河上游分区
融江流域水土保持和石漠化治理单元	贝江流域中下游水土保持项目	贝江中下游左右岸分区
	寻江流域生态环境综合整治项目	苗江河分区
		四甲河分区
		寻江干流分区
		八江河分区
	都柳江干流（三江段）水土保持和农田生态功能提升项目	都柳江干流分区
	沙埔河矿山生态修复和石漠化治理项目	沙埔河流域矿山与石漠化分区
		沙埔河上游分区
		沙埔河中下游分区
	石门河矿山生态修复项目	石门河分区
	浪溪河水土保持和矿山生态修复项目	黄金河分区
		泗顶河分区
	保江河水土保持项目	保江河
	融江干流生态环境综合整治项目	融江干流分区

表1-4（续）

保护修复单元	子项目名称	项目分区
洛清江流域生态环境综合治理单元	石榴河流域上游生物多样性保护和水源涵养项目	拉沟河分区
		古偿河分区
	石榴河流域中下游生态环境综合整治项目	水城河分区
		石榴河中下游左右岸分区
	洛江（石门河）流域水环境综合整治项目	黄腊河分区
		平山河分区
		福龙河分区
	洛清江干流矿山生态修复和农田生态功能提升项目	洛清江干流分区
柳江干流水环境治理和矿山生态修复单元	大桥河流域水土保持治理和矿山生态环境修复项目	拉堡河分区
		龙兴河分区
	竹鹅溪流域水生态修复项目	竹鹅溪分区
	香兰河流域水环境综合治理项目	香兰河分区
	沙塘河流域水土保持和水环境综合治理项目	沙溏河分区
	柳江干流水土保持项目	柳江干流分区

第二章　生态环境保护修复基本理论

第一节　人地关系理论

人地关系理论一直以来都是地理学界研究的热点问题。1979 年，吴传钧院士在中国地理学会第四届代表大会上做了题为"地理学的昨天、今天和明天"的学术报告。报告会上，吴传钧院士对人地关系的内涵、发展历程及未来展望等内容进行了详细而深入的阐述，将人地关系理论的研究推向了新的高潮。

人地关系是指人类与土地及其所处的自然环境之间复杂的关系。进而言之，所谓人地关系是指人类及其社会经济活动与地球表层所组成的人与自然相互作用、相互制约的综合体。我国的陆地面积约为 960 万平方千米，居世界第三位，但是由于人口众多，人均土地面积还不到世界人均水平的 1/3，土地资源面临巨大的人口承载压力。构建和谐社会是我国当前和未来相当长一段时期内的一个重要发展目标，巨大人口压力下人类对土地资源和自然环境的不合理开发利用是构建和谐社会的一大障碍。人地关系和谐是人与自然和谐相处的基础和前提，是构建和谐社会的重要组成部分。

一、人地关系的概念及内涵

人地关系的概念在不同的时期随着人类社会的发展不断发生变化。在不同的社会发展阶段，学者对人地关系的概念有着不同的定义，概括起来，主要可划分为广义的定义、狭义的定义和综合的定义。

从广义上来讲，学者们认为人类与地理环境的关系即为人地关系，地理学中主要是指人类活动与地理环境之间的关系，是在人类与地理环境相互作用的过程中，人类为了生存和发展的需求，不断加大对大自然的索取，在人与自然相互作用的过程中，人类不断增强对自然地理环境的适应能力；反之，自然地理环境反作用于人类。总之，人地关系反映了一定区域内的人类社会、经济活动与自然环境之间的相互关系。

从狭义上来讲，学者们认为，人地关系是人类社会发展过程中人口和土地之间的相互作用和影响，长期以来，人类与土地之间的关系一直处于相互矛盾的状态，土地制度决定了人地关系的强度，因此这部分学者认为人地关系就是简单的人口与土地资源的比例关系。在一定时期内，要保持人地关系的和谐发展，就要保持平衡稳定的人地比例。

从综合的人地关系定义来看，人地关系是贯穿自然与社会全过程的综合概念，大部分学者认为人地关系并不是静态的，而是一个动态变化的过程，人地关系是建立在地理环境的基础上的，随着生产力和科学技术的进步，以及地理环境的演变，不同的历史阶段人地关系的内涵不断地发生变化。人与地之间的关系实质从人类社会—土地这一主体关系展开，人与土地之间复杂的关系是人地关系的基础。人地关系主要表现为人类对大自然的依赖性和人类的能动性，随着人类社会的发展，人与自然的关系在不断地变化，人类应该开发新能源提高生存环境质量，坚持利用大自然和保护大自然的原则，走可持续发展之路，确保人地关系的和谐发展。

根据人地关系概念的演变，可进一步将人地关系理解为：人地关系是人类与自然相互作用过程中客观存在的，其实质是基于一定的介质上的关系，这个介质无论是简单的耕地或土地还是复杂的土地资源或者是地理环境，都反映了人类活动的空间形态。人地关系中的"人"，是指在一定地域空间上，具有能动性的社会性的人，而"地"是人类所依赖生存的自然环境、地理环境和社会环境的综合体。人与地之间的关系受不同时期社会生产力发展水平的制约，同时也受人的行为决策所影响。在农业社会时期，人类对粮食的渴望转化为人类对土地资源的渴望，因此，该时期粮食就是人类与地理环境的连接点。在工业时期，人类开始注重经济的发展，不断增强人类对自然环境的利用能力，为了从大自然中最大限度地获取自身利益，人类开始征服自然。此后，人类对大自然的认识范围不断扩大，认识尺度不断深入，人类在开发利用大自然的过程中，逐渐意识到保护大自然的重要性，在人地长期的相互作用下，必须谋求人地关系和谐发展。因此在不同的社会发展阶段，人类的世界观、价值观和需求层次不同，环境资源的利用决策也不同，进而不同时期会产生不一样的人地关系。在人地关系中，人必须依赖自然而存在，而地虽然不会依赖人而存在，但会受到人类活动的影响，再反过来作用于人类。因此，在人地关系中，人与地之间的关系处于相互影响、相互反馈的动态变化过程。

二、人地关系的历史演变及未来发展趋势

人地关系伴随着人类的产生而产生，当人类出现时，就通过生产劳动与自然地理环境产生了相互作用关系，因此构成了人地关系。人地关系理论本质上是人类对人地关系的认识论。随着社会生产力水平的提高和科学技术的进步，人类对人地关系理论的认识先后经历了古代简单的人地关系协调理论、近代地理学中多重含义的人地关系理论以及现代人地和谐发展理论三个阶段，基于三个阶段的演变发展，本书预测了未来人地关系发展的趋势。

（一）古代简单的人地关系协调理论

古时候的东方哲学十分重视对人地关系的研究和探索，古人出版的多部书籍中，对人地关系都有记载，如《道德经》对人地关系做了如下记载"人法地，地法天，天法道，道法自然"，《周易》提到"观乎天文以察时变，观乎人文以化成天下"，古代农书《齐民要术》也指出"顺天时，量地利，则用力少而成功多，任情返道，劳而无获"。这些书籍关于人地关系的记载都表达了一种朴素的"天人合一"的人地关系观。"天人合一"的人地关系观认为，人与自然处于一个动态的整体之中，人与环境之间不是对立关系而是统一的相互关系，这就要求人类的生产、生活活动要遵循自然，合理利用自然，人类应与天融合为一体，且"和"是协调人地关系的关键。因此，与现代的人地协调理论相比，古时候"天人合一"的人地关系观是一种朴素而简单的理论。

（二）近代地理学中多重含义的人地关系理论

近代以来，随着科学技术的进步和社会生产力水平的提高，人与地的相互作用更加频繁和剧烈，人地关系矛盾越发凸显。因此，许多学者对人地关系进行了更加积极、深入和卓有成效的研究和探索，学者们对人地关系的认识，先后形成了地理环境决定论、或然论、生产关系决定论、生态论等多重理论。

地理环境决定论强调的是自然环境对人类社会发展的决定性作用，该理论的典型代表人物拉采尔，其在《人类地理学》一书中提出，人和动植物都是地理环境的产物，人类的一切社会经济活动、发展和抱负都受到地理环境的制约。或然论则注重人类对环境的适应能力，以及人类对自然环境的利用水平；法国地理学家维达尔认为，自然为人类的生产和生活提供了可能的条件，但是人类对这些条件的反应和适应能力因不同群体的自身特征和传统生活方式而异，或然论强调了人类在利用自然地理环境过程中的创造力和选择力，是一种倡导人类改变自然并适应自然的观念。生产关系决定论也称文化决定论，该理

论认为人类最终一定能摆脱自然界的束缚，人类一定能用技术和智慧征服大自然；该理论认为在人地关系中，人类起着决定性作用，忽视了自然地理环境对人类活动的反馈作用，是一种以人为中心的理论；在该理论的影响下，近代发展历史上频频出现违反自然规律、掠夺式开发自然资源、污染环境等问题，严重破坏了自然环境并引起一系列重大环境问题，威胁了人类的生存和发展。现如今，人类面临的资源枯竭、环境退化、人口膨胀等全球性问题，均与该理论存在着密切的关系。生态论主要研究人类对自然环境的影响等问题，部分学者将生态学和地理学紧密结合，认为对地理学的问题研究不应该缺少对人与自然相互影响关系的研究。

（三）现代人地和谐发展理论

20 世纪 60 年代以来，人类对土地和自然的盲目开发和不合理利用引发了大气污染、温室效应、水体富营养化、土壤退化、生物多样性锐减等一系列环境问题。面对这一系列威胁人类可持续发展的问题，众多学者不得不重新研究和审视人地关系，进一步探索人类和自然相互作用的深层关系以及由此产生的一系列反应。1972 年，《增长的极限》一书的出版，引起了众多学者的高度关注，该书唤醒了人类盲目坚持经济增长的思想，使人类重新审视资源利用、环境保护与经济发展之间的关系。1987 年，布伦特兰夫人出版了《我们共同的未来》，该书中正式提出了"可持续发展"的概念，即"既满足当代人的需求，又不对后代人满足其需求的能力构成危害的发展"，由此，标志着可持续发展思想正式诞生。1992 年，联合国在里约热内卢召开了环境与发展大会，将可持续发展理念和思想向全世界传播，使人类认识到经济社会发展与环境保护相辅相成的重要性。此次会议的召开，是人类传统生产生活方式向可持续发展方式转变的重要里程碑，会上重点提出了现代人地和谐发展的理论。

人地和谐发展理论强调人与地理环境之间的相互作用关系，该理论既承认地理环境对人类活动的影响与制约作用，又强调了人类活动在人地关系中的主观能动作用。人地和谐发展理论强调人与自然之间互利共生、协同进化和发展的关系，提倡人类在提高生活质量的同时，要注重自然环境的保护，并通过保护环境来提高人的生活质量。现代人地和谐发展理论不仅包括人与地理环境、人与人之间的和谐，还包括人口、资源、环境与发展之间的相互协调。

（四）人地关系未来的发展趋势

根据学者们对人地关系理论的概念、内涵以及人地关系理论的演变历程的相关论述和解析，其最终的目的都是希望能实现人地关系的和谐发展。人地关系的演变从最原始的完全依赖大自然，到向自然环境索取，再到征服自然阶段，直到现阶段谋求人地和谐发展阶段；由此可以看出，人地关系在不同的发展时期，呈现出不同的作用机制，人与地的关系时刻处于动态发展中。在未来的演变中，人地关系可能有两种发展趋势：一是随着人类生产生活规模的不断扩大，加剧环境恶化的程度；二是人类在生产生活过程中注重自然环境的保护和修复，使自然环境逐渐向好的方向发展，进而促进人类生活质量的提高。

人地关系并不是一成不变的，而是动态变化的。在人地关系演变过程中，"人"和"地"的相互作用时刻发生变化，随着生产力水平的提高和社会的进步，环境在不断变化，每个演化阶段都会出现相应的演变理论。人地关系演变在未来的发展趋势是未知的，环境恶化的趋势也是未知的。在不同的社会背景下，人类的人生观、价值观和世界观不同，导致人类对自然资源环境的利用千变万化，从而出现不同的人地关系思想。但是，随着科学技术的进步，人类对自然环境的保护意识以及政府对环境保护的大力宣传，都会促使人类积极主动地保护自己赖以生存的大自然。现阶段，人类在追求经济高质量发展的同时，越来越重视环境问题，开始不断地优化环境，提高资源环境的可持续利用程度，使人地关系越来越和谐，实现人地关系的可持续发展。

三、当前我国人地关系面临的挑战

新中国成立以来，我国经济发展成就举世瞩目，但在经济发展过程中，部分地区掠夺式的土地开发模式导致了目前我国紧张的人地关系，一定程度上影响了我国经济社会的可持续发展和和谐社会的构建。目前，我国人地关系面临的挑战主要有以下几个方面：

（一）我国人口数量与耕地资源空间分布不匹配，局部人地矛盾突出

根据预测，2030 年我国人口将达到 15 亿人，迎来人口的最高峰，为此，我国将用世界 10% 的耕地养活世界 20% 的人口，我国人地关系将面临巨大的压力和挑战。根据张善余等的研究，我国中部地区人口分布相对比较合理，东南沿海人口密度过大，而西部地区人口密度稀疏，人口分布区域差异明显。全国土地资源承载力分布不均，东北平原、华北平原等主要粮食生产区土地承载力比较适中，人地关系相对缓和；而东南沿海由于人口密度过大，人地关系十分紧张；西北干旱半干旱地区由于粮食生产水平较低，也引起比较紧张的人地关系。目前，东、中部地区城镇化速度明显高于西、北部地区，城市密度和城市人口密度大，可能会进一步加剧人地矛盾。

（二）农业非农化现象严重，耕地保护任务艰巨

近年来，我国经济社会迅速发展，大量人口涌向城镇，城镇规模不断扩

大，城镇扩展占用大量农用地，由于建设占用农用地具有不可逆性，在未来长时期内，城镇化、工业化过程中建设占用耕地将是构成农用地减少的最大威胁，我国未来耕地保护任务十分艰巨。农地非农化导致的耕地数量减少和耕地质量下降将严重威胁我国的粮食安全和经济社会的可持续发展。

（三）农村建设缺乏统一规划引导，建设用地布局不合理

长期以来，我国农村居民点建设缺乏统一的规划和引导，部分地区农村建设用地呈现随意蔓延的状态，偏远山区农村出现比较严重的"空心化"现象，土地资源闲置浪费问题十分突出。乡村城镇化过程中，由于缺乏统一规划指导，城镇建设用地布局不合理，土地利用效率低下，重复建设、超占指标等问题突出。

（四）不合理的土地开发和利用方式加剧了人地矛盾

我国是世界上生态脆弱区分布面积最大、生态脆弱性表现最明显的国家之一，乱砍滥伐、过度放牧、陡坡开荒等掠夺式的土地开发和利用方式，加剧了区域土壤退化、水土流失、环境污染等环境恶化，严重影响了区域经济社会的可持续发展，严重影响了人地和谐关系的建设。近年来，随着我国农村经济社会的快速发展，农业产业化、城乡一体化进程的不断加快，农村和农业污染物排放量逐渐增多，农村土地污染问题不容忽视。

第二节　可持续发展理论

环境保护与经济发展是当今国际社会普遍关注的两大问题，经济的发展给人类带来了丰富的物质财富，提高了人类的生活水平。随着经济发展和人口增加，人口、资源、环境与食物的矛盾已成为人类社会共同关注的全球性问题。可持续发展理论正是在这种背景下提出的，其宗旨就是促进人与自然的统一，促进经济发展与资源、环境的和谐。可持续发展理论是指既满足当代人的需要，又不对后代人满足其需要的能力构成危害的发展。生态保护修复必须以可持续发展理论为指导，坚持公平性、可持续性和共同性等原则。

一、可持续发展理论的产生

发展是人类社会的永恒主题，从发展到可持续发展，人类经历了由实践—认识—再实践—再认识的过程。20世纪，"增长即发展"的传统认识导致人口爆炸式增长，自然资源被掠夺式开发和粗放式利用。社会生产力极大提高、经

济快速增长、物质财富不断扩张，人类物质文明突飞猛进，但环境污染和生态系统破坏严重。人类片面追求经济增长的行为为自身的生存与发展带来严峻挑战，人类面临着生死存亡的重要抉择。人类逐步开始审视和反思这种不可持续的发展战略，开始批判单纯过度追求增长的错误思路。

20世纪中叶，人类开始研究和探索人类社会可持续发展道路，并逐步孕育了可持续发展理论，具体如表2-1所示。《寂静的春天》和《增长的极限》唤起了人们对人类社会可持续发展的关注。可持续发展理论形成之后，立即得到迅速传播和应用，从生态环境领域快速扩展到社会发展领域，并有效指导发展决策的制定。《我们共同的未来》第一次阐述了可持续发展的概念，在国际社会达成广泛共识。《21世纪议程》等重要文件，为人类改善环境、完善发展展示了广阔前景，标志着可持续发展理论升华到可持续发展战略。

表2-1 可持续发展理论产生的重要事件

时间	事件
1962年	美国海洋生态学家蕾切尔·卡尔逊出版了《寂静的春天》，详细描述并批判了农业生产中过度使用农药给生物造成的危害，号召人们保护生态环境
1972年	罗马俱乐部发表了《增长的极限》，重点阐述了地球所蕴藏资源的有限性，强调了人类的经济增长必将受到资源有限性的约束。因此，在一定时期内，经济和人口的增长不能超越一定的极限，一旦超越了极限就会带来全球的崩溃
1972年	在瑞典首都斯德哥尔摩召开的联合国第一次人类环境会议上，以《只有一个地球》为理论基础，正式提出了可持续发展理论
1980年	世界自然保护联盟发表《世界自然资源保护策略》，较为系统地解释了可持续发展理论
1987年	联合国发表报告《我们共同的未来》，一是对传统发展方式的反思和否定，二是对可持续发展模式的理性设计。该报告指出，过去人们关心的是发展对环境带来的影响，而现在人们则迫切地感到了生态环境的退化对发展带来的影响，以及国家之间在生态学方面互相依赖的重要性。该报告以持续发展为基本纲领，论述了当今世界环境与发展方面存在的问题，并提出了处理这些问题的具体和现实的行动建议
1992年	联合国环境与发展大会以可持续发展为指导方针制定并通过了《21世纪议程》等重要文件，详尽而深刻地阐明了环境与发展的关系，正式确立了可持续发展是当代人类发展的主题，丰富了可持续发展战略，提供了落实可持续发展战略的行动方案

二、可持续发展理论及其主要内容

(一) 可持续发展理论

1987 年，世界环境与发展委员会在《我们共同的未来》报告中提出，可持续发展是指既满足现代人的需求又不损害后代人满足需求的能力。换句话说，可持续发展就是指经济、社会发展和资源、环境保护相协调，既要发展经济，又要保护好人类赖以生存的大气、淡水、海洋、土地和森林等自然资源和环境，使子孙后代能够永续发展和安居乐业。可以从多个角度加深对可持续发展理论的理解，具体如表 2-2 所示。

表 2-2　不同角度对可持续发展理论的理解

角度	具体内容
可持续发展理论的核心	核心是发展，在控制人口数量、提高人口素质、保护资源环境的前提下促进经济和社会的发展
可持续发展理论的核心问题	人口问题、资源问题、环境问题和发展问题
可持续发展理论的核心思想	人类应协调人口、资源、环境和发展之间的相互关系，在不损害他人和后代利益的前提下追求发展
可持续发展理论的观点	可持续发展的系统观、可持续发展的社会平等观、可持续发展的全球观、可持续发展的资源观和可持续发展的效益观
可持续发展理论的要求	人与自然和谐相处，认识到对自然、社会和子孙后代应负的责任，并与之相应的道德水准
可持续发展理论的目的	保证世界上所有的国家、地区、个人拥有平等的发展机会；保证我们的子孙后代同样拥有发展的条件和机会
可持续发展理论的意义	有利于转变经济增长方式，走出一条新型的发展道路；有利于促进经济社会与人口资源环境协调发展

(二) 可持续发展理论的三要素

可持续发展理论包括环境与生态要素、社会要素、经济要素三大要素，具体如表 2-3 所示。

表 2-3　可持续发展理论的三要素

要素	具体内容
环境与生态要素	尽量减少对环境的损害，并随着人类科学知识的拓展和深入不断加强生态环境保护力度

表2-3（续）

要素	具体内容
社会要素	可持续发展并非要人类回到原始社会，尽管那时候的人类对环境的损害是最小的，而是要满足人类自身的需要
经济要素	在经济上有利可图，一是只有经济上有利可图的发展项目才有可能得到推广，才有可能维持其可持续性；二是在经济上亏损的项目必然要从其他盈利的项目上获取补贴才可能正常运转，即生态补偿

（三）可持续发展理论的内容

可持续发展理论的内容包括发展、保护、公平、转变，具体如表2-4所示。

表2-4　可持续发展理论的四大内容

项目	具体内容
发展	只有发展才能提供必要的物质基础，提高生活水平；只有发展才能最终打破贫困加剧和环境破坏的恶性循环；只有发展才能解决生态危机
保护	环境保护需要经济发展所能够提供的资金和技术，环境保护的好坏也是衡量发展质量的指标之一；经济发展离不开环境和资源的支持，发展的可持续性取决于环境和资源的可持续性
公平	代际公平，后代人拥有与当代人相同的生存权和发展权，当代人必须留给后代人生存和发展所需的必要资本，包括环境资本；代内公平，发达国家在发展过程中已经消耗了地球上大量的资源和能源，造成一系列的环境问题，应对全球环境问题承担主要责任，理应从技术和资金方面帮助发展中国家提高环境保护能力
转变	全球范围内，从思想到行动，改变"高投入、高消耗、高污染"的生产和消费模式，提高资源利用效率，实现向可持续发展转变

三、可持续发展理论的内涵

可持续发展既不是单纯的经济发展，也不是单纯的社会发展，而是指以人为中心的自然与经济复合系统的共同发展。因此，可持续发展是能动地调控自然与社会的复合系统，在不超越资源与环境承载能力的条件下，促进经济健康良性发展、保持资源永续利用和生活质量提高。可持续发展没有绝对固定的衡量标准，因为人类社会的发展是永无止境的，所以可持续发展反映的是自然和社会这个复合系统的运作状态和总体发展趋势。综上所述，可持续发展理论的内涵十分丰富，但是都离不开社会、经济、环境和资源这四大系统，包括共同发展、协调发展、公平发展、高效发展和多维发展五个层面，具体如表2-5所示。

表2-5　可持续发展理论的五大内涵

内涵	具体内容
共同发展	整个世界可以被看作一个系统，是一个整体，而世界中各个国家或地区是组成这个大系统的无数个子系统，任何一个子系统的发展变化都会影响到整个大系统中的其他子系统的发展，甚至会影响整个大系统的发展。因此，可持续发展追求的是大系统的整体发展，以及各个子系统之间的共同发展
协调发展	从横向来看是经济、社会、环境和资源这四个层面的相互协调，从纵向来看包括整个系统到各个子系统在空间层面上的协调，可持续发展的目的是实现人与自然的和谐相处，强调的是人类对自然有限度的索取，使得自然生态圈能够保持动态平衡
公平发展	不同地区在发展程度上存在差异，可持续发展理论中的公平发展要求我们既不能以损害子孙后代的发展需求为代价而无限度的消耗自然资源，也不能以损害其他地区的利益来满足自身发展的需求
高效发展	人类与自然的和谐相处并不意味着我们一味以保护环境为己任而不发展，可持续发展要求我们在保护环境、节约资源的同时要促进社会的高效发展，是指经济、社会、环境和资源之间的协调有效发展
多维发展	不同国家和地区的发展水平存在很大差异，同一国家和地区在经济、文化等方面也存在很大的差异，可持续发展强调综合发展，不同地区从自己的实际发展状况出发，进行多维发展

可持续发展理论的内涵特征体现在生态可持续发展、经济可持续发展和社会可持续发展三个方面，三者不可分割，人类共同追求的应是生态—经济—社会复合系统的持续、稳定、健康发展，具体如表2-6所示。

表2-6　可持续发展理论的内涵特征

内涵特征	具体内容
生态可持续发展	以保护自然为基础，与资源和环境的承载能力相适应。在发展的同时，必须保护环境，包括控制环境污染和改善环境质量，保护生物多样性和地球生态的完整性，保证以持续的方式使用可再生资源，使人类的发展保持在地球承载能力之内
经济可持续发展	鼓励经济增长，以体现国家实力和社会财富。它不仅重视增长数量，更追求改善质量、提高效益、节约能源、减少废物，改变传统的生产和消费模式，实施清洁生产和文明消费

表2-6（续）

内涵特征	具体内容
社会可持续发展	以改善和提高人民生活质量为目的，与社会进步相适应。改善人类生活质量，提高人类健康水平，创造一个保障人民享有平等、自由、教育、人权，免受暴力的社会环境

四、可持续发展理论的基本特征

可持续发展理论具有发展性、协调性、互补性、开放性和相互依赖性、持续性的基本特征，具体如表 2-7 所示。

表 2-7　可持续发展理论的基本特征

基本特征	具体内容
发展性	所谓发展，就是指保持增长、提高经济增长的质量和较好地满足就业、粮食、能源、饮用水和健康的基本生存需求，从这三方面去满足人类不断增长的需求并提高生活质量
协调性	由调控人口的数量增长，不断提高人口的素质和始终调控环境与发展的平衡这两方面去体现，以此达到人与自然之间的协调以及人与人之间的协调。强调合理优化资源的配置、调控经济的增长方式，采取合理的财富积聚、建立财富的公平分配制度以及财富在满足全人类需求中的行为规范
互补性	环境保护与经济发展的互补性。可持续发展思想认为环境与发展不是孤立的，而是紧密相关的，发展并不一定带来环境的破坏，关键是采取什么样的经济方式；经济停滞和衰退不但不能解决环境问题，还可能加重环境危机
开放性和相互依赖性	可持续发展强调，在全球范围内进行真诚合作与联合行动，建立一种新的伙伴关系和新的国际政治经济秩序，以产生更加平等以及与环境更加一致的贸易、资本和技术的流动
持续性	可持续发展的持续性包括生态持续、经济持续和社会持续，它们之间互相关联而不可侵害。孤立追求经济持续必然导致经济崩溃，孤立追求生态持续也不能遏制全球环境的衰退。生态持续是基础，经济持续是条件，社会持续是目的。人类共同追求的应该是自然—经济—社会复合系统的持续、稳定、健康发展

五、可持续发展理论的基本原则

可持续发展理论的基本原则包括公平性原则、可持续性原则、和谐性原则、需求性原则、高效性原则、阶跃性原则、共同性原则，具体如表 2-8 所示。

表 2-8　可持续发展理论的基本原则

基本原则	具体内容
公平性原则	一是本代人的公平，即同代人之间的横向公平性；二是代际间的公平，即世代人之间的纵向公平性；三是公平分配有限资源；四是人与自然，与其他生物之间的公平性
可持续性原则	资源的永续利用和生态系统的可持续性的保持是人类持续发展的首要条件，因而要求人们根据可持续性的条件调整自己的生活方式，在生态可能的范围内确定自己的消耗标准。可持续性原则的核心指的是人类的经济和社会发展不能超越资源与环境的承载能力
和谐性原则	可持续发展的战略就是要促进人类之间及人类与自然之间的和谐，如果我们能真诚地按和谐性原则行事，那么人类与自然之间就能保持一种互惠共生的关系，也只有这样，可持续发展才能实现
需求性原则	需求性原则坚持公平性和长期的可持续性，要满足所有人的基本需求，向所有的人提供实现美好生活愿望的机会。人类需求是一种系统，如果以此作为参照系，那么奉行任何一种需求因子未能得到满足都将意味着贫困，因此贫困不仅影响穷国也影响富国，只不过贫困的内容和范围不同，这有别于传统经济学中的贫困
高效性原则	高效性原则不仅根据其经济生产率来衡量，更重要的是根据人们的基本需求得到满足的程度来衡量，是人类整体发展的综合效益高
阶跃性原则	随着时间的推移和社会的不断发展，因为人类的需求内容和层次将不断增加和提高，所以可持续发展本身隐含着从较低层次向较高层次的阶跃性过程
共同性原则	可持续发展作为全球发展的总目标，所体现的公平性和可持续性原则是共同的。要实现总目标，必须采取全球共同的联合行动。每个人在考虑和安排自己的行动时，都应该考虑到这一行动对其他人（包括后代人）及生态环境的影响，并能真诚地按共同性原则办事，那么人类内部及人类与自然之间就能保持一种互惠共生的关系

第三节　"两山"理论

"绿水青山就是金山银山。"早在 2005 年，习近平总书记在《浙江日报》中提出："我们追求人与自然的和谐，经济与社会的和谐，通俗地讲，就是既要绿水青山，又要金山银山。""两山"理论的根本目的是实现人与自然的和谐共生，它有效地破解了人对物质利益的追求与生态环境、生态环境与生产力、生态环境与财富关系的矛盾和困惑，是对全国各族人民向往美好生活的现实回应，是实现山水林田湖草系统治理的根本指导思想，为我国实现可持续发展指明了方向。

在日益严峻的生态环境面前，习近平总书记将生态文明建设与中华民族的未来联系在一起，提出了两个"清醒认识"。"要清醒认识保护生态环境、治理环境污染的紧迫性和艰巨性，清醒认识加强生态文明建设的重要性和必要性。""两山"理论是辩证统一论、生态系统论、顺应自然论、民生福祉论和综合治理论的有机结合，是人与自然和谐发展的可持续理论。

一、体现了人与自然和谐共生

"两山"理论的根本目的在于正确处理人与自然的关系，实现人与自然和谐共生。绿水青山可带来金山银山，但金山银山却买不到绿水青山。坚持人与自然和谐共生，在尊重自然规律的基础上，实现人与自然共生共荣。

在自然面前，人类不是所有者，而是使用者，必须尊重和爱护自然。马克思、恩格斯关于人与自然关系的认识，就内在包含了尊重自然和保护自然的绿色观念。人类社会中最基本的关系就是处理人与自然的关系。自然界作为人类社会产生、存在以及发展的前提，人们可以发挥主观能动性，积极地利用自然和改造自然，但是人类始终是自然界的一部分，人类不能忽视自然规律，企图凌驾于自然之上，否则就会受到自然的惩罚。

"两山"理论提出了人与自然和谐共处的社会现代化发展模式。社会现代化应是人与自然和谐共生的现代化，应该积极探寻人与自然和谐共生的生存与发展模式。在我国社会主义现代化的新征程中，要注重处理人与自然的关系，积极尊重自然、顺应自然，在为人们提供基本的物质需要和精神需要的同时，还要不断满足人们日益增长的生态环境发展需要，努力提供优质的生态产品。此外，人与自然的和谐共生为"两山"理论提供了丰富的价值意蕴。"两山"理论致力于实现经济因素、生态环境因素、代际价值以及代内价值的有机统一，在追求经济增长的同时，充分考虑生态环境的承载力，力求在尊重自然、保护自然的基础上，创造更多的物质财富和精神财富，为人们提供更多优质的生态产品，用于满足人们日益增长的发展需要，其本质就是人们对人与自然关系和谐发展的价值诉求。人与自然是有机的整体，不能为了盲目追求经济的增长而以牺牲生态环境为代价，应该积极遵守自然界的发展规律。在人与自然和谐共生的现代化新征程中，我们面临着一系列的任务，这些任务就包括人与自然和谐共生的思想观念、生态文明体制、生态行为现代化的价值诉求。

人与自然和谐共生是生态文明价值指向，是在人与自然和谐统一的基础上实现人与社会的持续发展。所谓生态和谐观就是对人与自然和谐关系的根本认识和看法。马克思主义生态和谐观的理论本质是在人口生产、物质生产和精神生产的协调发展中实现自然、社会与人的和谐。在中国，实现人与自然的和谐是构建社会主义和谐社会的基本内容之一。在社会主义市场经济的发展中，充分发挥社会主义制度的优越性，克服市场经济所带来的生态破坏性，是解决当前生态环境问题、实现人与自然和谐发展的重要途径。

人与自然和谐共生反映时代的发展。发展是每个时代、每个国家都必须要面对的主题，但如何处理好发展与生态环境保护之间的关系，实现社会经济可持续发展又是每个时代、每个国家都无法回避的难题。为了破解这一发展难题，习近平总书记系统阐释了"两山"理论，并与此前提出的"五位一体"总体布局、"四个全面"战略布局等一道共同构成了兼顾生态价值和经济价值的整体性可持续发展战略指导思想。习近平总书记明确指出："生态文明建设是'五位一体'总体布局和'四个全面'战略布局的重要内容。"因而，习近平总书记提出的"两山"理论，全面深刻地阐明了生态保护与社会持续发展之间的关系，为我国未来经济发展和生态文明建设指明了方向。

坚持人与自然和谐共生，坚持新发展理念，以全面提升国家生态安全屏障质量、促进生态系统良性循环和永续利用为目标，以统筹山水林田湖草一体化保护和修复为主线，科学布局和组织实施重要生态系统保护和修复重大工程，着力提高生态系统自我修复能力，切实增强生态系统稳定性，显著提升生态系统功能，全面扩大优质生态产品供给，推进形成生态保护和修复新格局，为维护国家生态安全、推进生态系统治理体系和治理能力现代化、加快建设美丽中国奠定坚实的生态基础。

二、界定了绿色经济发展方式

2019年6月7日，习近平主席在第二十三届圣彼得堡国际经济论坛全会上发表的致辞中提道："我们将秉承绿水青山就是金山银山的发展理念，坚持打赢蓝天、碧水、净土三大保卫战，鼓励发展绿色环保产业，大力发展可再生能源，促进资源节约集约和循环利用。"

从目前来看，我国经济发展与生态保护压力依然较大。我国在生态方面历史欠账多、问题积累多、现实矛盾多，一些地区生态环境承载力已经达到或接近上限，且面临"旧账"未还又欠"新账"的问题，生态保护修复任务十分艰巨，既是攻坚战，也是持久战。一些地方距贯彻落实"绿水青山就是金山银山"的理念还存在差距，个别地方还有"重经济发展、轻生态保护"的现象，如以牺牲生态环境换取经济增长，不合理的开发利用活动大量挤占和破坏生态空间。

习近平总书记在可持续发展理念的基础上，提出绿水青山就是金山银山的生态发展观。生产力是衡量社会经济进步最活跃的因素，同时也是唯物主义发展的基石。在工业文明时代以前，生产力水平比较低下，人与自然的矛盾不突出、不尖锐，是相互和谐的。然而，这种和谐是以人对自然的认识水平和改造能力相对比较低下为前提的。工业文明时代，人类以科学技术为工具加快对自然的改造和控制，加速现代化的进程，其不好的影响是带来了错综复杂的环境问题。在工业文明时代，生产力的发展与生态环境保护似乎是一对不可调和的矛盾。资本追求最大化的剩余价值，要求经济快速发展，这就意味着要大力开发利用自然资源，破坏生态环境；如果要生态环境良好，或许就意味着要减少经济活动，代表着贫穷落后。有学者认为，经济发展与生态环境保护是一对不可兼得的矛盾，发展经济必须以牺牲环境为代价，而习近平总书记生态文明思想正确地处理了经济发展与生态环境保护之间的矛盾——既要绿水青山，也要金山银山。

早在浙江工作期间，习近平总书记就指出："绿水青山可带来金山银山，但金山银山却买不到绿水青山。绿水青山与金山银山既会产生矛盾，又可辩证统一。"2013年，习近平主席在哈萨克斯坦纳扎尔耶夫大学发表重要讲话，他回答学生问题时指出："我们既要绿水青山，也要金山银山。宁要绿水青山，不要金山银山，而且绿水青山就是金山银山。"

生态环境是公共产品，而且也应该是能够满足所有人需要的公平产品。西方的公共产品理论认为，所谓的公共产品就是一个人对产品的消费，不会影响其他人对此产品的消费。而马克思主义的公共产品理论认为，公共产品是为了满足所有人的需要，立足于非竞争性的基础之上。诚然，自然环境就是一个最公平的公共产品，每个人的生存与发展都必须依赖自然所提供的生产生活资料。这一种公平不仅是代内的公平，更应该是代际的公平。如今，生态环境问题比较恶劣，生态环境作为一种最公平的公共产品的提供已经成为迫切需要，满足人们的生态需要已成当务之急。近年来，由于生态环境破坏引起的群众性事件增多，许多群众对污染严重的企业嗤之以鼻，有些重大疾病的产生就是由生态环境破坏所引起的，这严重影响到社会的稳定与和谐。习近平总书记指出："环境就是民生，青山就是美丽，蓝天也是幸福。"为了全体社会公民的利益，就需要在生态与民生之间寻找"最大公约数"，既要生态也要民生，并且良好的生态环境本来就是民生。

生态价值和经济价值是协调统一的，两者共同支撑着社会经济稳定健康发展。特别需要指出的是，当前生态价值已成为社会进步程度的直接体现。实现生态价值和经济价值内在统一，对于协调经济与环境之间的平衡，保证生态环境安全，促进社会的整体化发展，推动社会经济良性发展，均有着不可替代的作用。在改革开放后很长一段时期内，人们一直认为经济价值优于生态价值，经济价值几乎成为衡量社会进步的唯一指标，经济价值与生态价值之间呈现严重的不平衡现象。经济价值固然重要，但如果只强调经济价值而忽略生态价值，甚至以牺牲生态价值换取经济价值，最终会导致经济发展与生态环境两者严重失衡，这样的社会也不可能是一个健康的社会。

习近平总书记提出"绿水青山就是金山银山"的发展理念，既是对我国前期社会主义制度建设经验教训的历史总结，也是对马克思生态文明建设理论的丰富和发展，它必将成为协调经济发展与生态环境平衡的重要战略发展思想。良好的生态环境是提高人们获得感与幸福感的关键因素，在经济飞速发展的中国，物质需要的满足已不再成为人们获得幸福的绊脚石，良好的生态环境已是幸福之源。习近平总书记生态文明思想始终以人民的利益为中心，立足于人们的长远利益，将生态与民生相融合，让生态文明建设的定位更加清晰，任务更加明确。

从本质上看，"既要绿水青山，又要金山银山"的科学观点，是一种生态价值和经济价值内在统一的发展理念，为构建我国生态价值和经济价值内在统一的社会发展模式夯实了根基、指明了方向。正如基层许多干部群众在学习"两山"理论时所说，光讲"绿水青山"而不重视"金山银山"，就会让农村百姓长久处于贫穷的状态之中，而这种状态属于比环境污染还要严重的贫困污染，贫穷也会恶性循环，最终依旧无法保住绿水与青山；如果光顾及"金山银山"，却不管"绿水青山"，用牺牲"绿水青山"的代价来获取经济的发展，即获取"金山银山"，这种做法属于饮鸩止渴，最终结果也是非常糟糕的。因此，只有我们对两者都重视，即一方面要重视"金山银山"，另一方面也要重视"绿水青山"，切切实实做到两者兼顾，才能真正实现经济发展和生态环境保护"双赢"的良性循环。

三、实现了山水林田湖草系统治理

习近平总书记指出："人的命脉在田，田的命脉在水，水的命脉在山，山的命脉在土，土的命脉在树。"拥有天蓝、地绿、水净的美好家园，是每个中国人的梦想。这一生命共同体理念正是对生态哲学的继承，它十分重视人与自然的双重价值，人与自然的互生共赢。

"山水林田湖草是生命共同体"是由习近平总书记 2013 年在《中共中央关于全面深化改革若干重要问题的决定》的说明中提出的，自提出以来得到了社会各界的广泛关注，其科学内涵、理论基础以及实践方案等内容得到不断的丰富。概括来说，生命共同体是由山、水、林、田、湖、草等自然要素构成的，同时与人共存、共生、共荣的有机整体。生命共同体各要素有机关联、互为影响、不可分割，人类在利用和开发自然资源的过程中，应更加注重对生态环境的保护。

从目前来看，国内一些项目在生态保护和修复系统性上还有不足。对于山水林田湖草作为生命共同体的内在机理和规律认识不够，距落实整体保护、系统修复、综合治理的理念和要求还有很大差距。权责对等的管理体制和协调联动机制尚未建立，统筹生态保护修复面临较大压力和阻力。部分生态工程建设目标、建设内容和治理措施相对单一，一些建设项目还存在拼盘、拼凑问题，以及忽视水资源、土壤、光热、原生物种等自然禀赋的现象，区域生态系统服务功能整体提升成效不明显。习近平总书记指出：在生态环境保护建设上，一定要树立大局观、长远观、整体观，坚持保护优先，坚持节约资源和保护环境的基本国策，像保护眼睛一样保护生态环境，像对待生命一样对待生态环境，推动形成绿色发展方式和生活方式。

"生态兴则文明兴，生态衰则文明衰"，山水林田湖草的生态关联，自然生命共同体、人类命运共同体的和谐共生共荣，显然也需要融入经济、政治、文化和社会建设的进程中，促进社会和谐，提升文化素养，推动政治变革，从而在整体上助推国家治理能力和治理水平的现代化进程。"两山"理论包含生产方式、生活方式以及思维方式等方面的内容，是一个复杂的系统性工程，系统协调"两山"理论刻不容缓。正确处理"两山"理论需要从思维方式上正确认识和把握，有效协调主体和客体的系统性，从而更好地解决主体孤岛性以及客体碎片化等问题。有效协调"两山"理论需要系统整合生态治理的客体，根据生态环境的系统性、综合性以及整体性的特征，积极遵循生态环境的自然规律，整体考察与生态环境相关的各个要素。生态环境作为内生性的客体，在加快生态文明建设的过程中，需要从整体出发，积极整合生态环境治理的客体，有效解决对生态环境治理的客体人为碎片化的问题。

山水林田湖草作为一个生命共同体，是由山、水、林、田、湖、草构成的系统，具有复杂性，系统内的各个要素之间相互联系、相互依存，由此构成了生命共同体。治理生态环境需要积极遵循自然规律，一旦只顾田、水、树一方面，就很容易出现顾此失彼的局面，最终将会使生态系统遭到破坏。因此，对于山水林田湖草要求改变过去单一要素的保护修复状态，采取多要素的生态系统服务保护修复方式。生态环境具有复杂性、系统性，治理生态环境不能采取"头痛医头，脚痛医脚"的方式，要将其作为一项系统工程，对山、水、林、田、湖、草进行系统、全面的治理，有效协调各个主体和客体，才能更好地处理"绿水青山"和"金山银山"的关系。

第四节　生态经济理论

在 2018 年 5 月 18 日召开的全国生态环境保护大会上，习近平总书记提出要加快建设生态文明体系，并明确指出"以产业生态化和生态产业化为主体的生态经济体系"。在生态文明建设中，生态经济具有突出重要的地位，既是经济基础，也是生态文明建设的物质保障。相对于可持续发展理论，生态经济理论的逻辑性、系统性更强，成为"十四五"时期乃至更长时期内中国发展的行动指南。

一、生态经济理论的概念

（一）生态资产及生态资本

生态资产是从物质形态方面而言的，其核心内容是生态系统和化石能源；从价值形态方面而言，生态资产则表现为自然资源价值、生态系统服务价值以及生态产品价值。从资源、资产、资本的转变来看，生态资源要做到可持续发展，必须经历生态资源资产化、生态资产资本化的过程。因此，有产权的生态资产只有进入市场才能转变为资本流动起来。生态资产并不等于生态资本，成为生态资本的一个前提条件，就是当生态资产的所有者对其进行自由有偿转让时，能获得相应的收入。生态资产通过人为开发和投资盘活资产转为生态资本，运营形成生态产品，通过市场行为实现其价值，获得利润反过来再支撑生态建设，形成良性循环。生态资产形态和价值的不断变化致使生态资产不断增殖，整个过程称为生态资产资本化。在区域社会经济发展中，能否实现区域生态资产存量转变为资本增量，完成生态资产的质变过程，对一个地区乃至一个国家都具有极其重要的作用

（二）生态安全与生态红线

生态安全是国家安全的重要组成部分，是一个区域与国家经济安全与社会

安定的生态环境基础和支撑。它包含三层含义：一是生态系统健康状况优良，可以实现自身发展和提升；二是生态环境条件与生态系统服务功能可以有效支撑社会经济的发展；三是保障社会经济发展、人民生活和健康免受环境污染与生态破坏的损害。

生态保护红线是依法在重点生态功能区、生态环境敏感区和脆弱区等区域划定的严格管控边界，是国家和区域生态安全的底线。生态红线保护区主要保护三大功能：一是保护重要生态功能区，为社会经济可持续发展提供生态支撑；二是保护生态敏感区、脆弱区，减缓与控制生态灾害，构建人居环境生态屏障；三是保护关键物种与生态系统，维持生物多样性，促进生物资源的可持续利用。最终划定的具有精确边界的生态保护红线区，是维系国家和区域生态安全的核心生态区域。

（三）生态系统服务价值核算

生态系统服务价值核算是指通过各种方法对生态服务价值进行量化过程。在社会发展历程中，人们一直无尽地利用自然界的资源，忽视自然环境的承载能力，导致生态问题突出。因而为了保护自然资产，提高生态服务供给能力和合理消费生态服务，我们必须了解生态资源到底有多少价值，才能有效实施生态补偿，以达到生态平衡。如果利用方式不当，势必会对生态系统的服务功能造成强烈的影响，甚至导致一系列危及自身生存与发展的生态环境危机与灾难。因此，要实现自然资源的高效利用，缓解资源对社会经济发展的约束，迫切需要对生态资产的价值进行评估，才能更好地为生态系统资产化管理、生态补偿、生态服务有偿使用等提供依据。目前生态系统服务功能价值化还没有公认的标准方法，学术界现有的量化方法包括条件价值法、市场价值法、机会成本法、影子价格法、费用分析法、替代工程法、旅行费用法等。无论是全球范围，还是国家范围，抑或是区域范围，对生态系统服务价值的估算值都非常高。尤其我国作为人均生态资产非常稀缺的国家，对生态服务价值进行评估的迫切性更加强烈。

（四）生态补偿机制

生态补偿机制是以防止生态环境破坏和促进生态系统良性发展为目的，以生态环境产生或可能产生影响的生产、开发、经营、利用者为对象，以通过经济调节手段对生态环境整治及恢复为主要内容，并以法律为保障的新型环境管理制度。生态补偿广义上包括对污染环境的补偿和对生态功能的补偿，狭义上则专指对生态功能或生态价值的补偿。生态补偿的实施以产权的明晰为基础，补偿额度须以资源产权让渡的机会成本为标准，进而设计生态补偿机制。在生态补偿过程中，根据生态保护问题、自然环境条件、所处的历史阶段以及社会制度核心等方面的特殊性，重点建立有利于生态保护的财政转移支付制度、基于主体功能区的生态补偿政策、生态环境成本内部化制度、生态友好型的税费制度、流域生态补偿机制。我国将坚持谁污染环境、谁破坏生态谁付费和谁受益谁补偿原则，完善重点生态功能区的生态补偿机制，建全跨区生态补偿制度。生态补偿是预防和解决生态环境问题的重要手段，有利于优化国土空间开发格局、加强生态的恢复与保护、促进资源节约、推进生态文明制度建设。

（五）生态系统生产总值

生态系统生产总值（GEP）定义为生态系统为人类福祉和社会经济可持续发展提供的产品与服务价值的总和，包括有形的生态系统产品价值、无形的生态调节服务价值和生态文化服务价值。根据生态系统服务功能评估的方法，生态系统生产总值可以从功能量和价值量两个角度核算。功能量可以用生态系统功能表现的生态系统产品产量与生态系统服务量表达，如粮食产量、水资源提供量、洪水调蓄量、土壤保持量、固碳量、污染净化量、自然景观吸引的旅游人数等，但由于计量单位的不同难以加总。仅依靠功能量指标，难以充分获得一个地区在一段时间内的生态系统产品与服务产出总量。这就需要借助价格量，将不同生态系统产品产量与服务量转化为货币单位表示产出，然后加总为生态系统生产总值。生态系统生产总值一般以一年为核算时间单元，可以用来衡量"绿水青山"所产生的各类生态产品的总价值，可以反映生态系统对经济社会发展的支撑作用，并为建立生态系统保护效益与成效的考核机制奠定基础。

二、生态经济体系构建

根据对生态经济学和新时代中国特色社会主义理论及现实的理解和认知，即一个遵循生态学规律和经济规律，在不影响生态系统稳定性的前提下保持较高的经济增长水平，以满足人民日益增长的对美好生活需要的经济体系。

（一）生态保护和经济增长协同的经济体系

尽管学界几十年的争论使决策者认识到资源环境问题的严峻性，但经济增长依然是包括发达国家在内的各国政府主要政策目标之一，因为经济增长是解决就业、消除贫困和提高国家综合实力的不可或缺的重要手段。我国目前还处在发展中国家阶段，人均收入近年来才达到中高收入国家水平，促进就业等任务十分艰巨，"发展不平衡不充分"的问题还将长期存在，"稳增长"也将是我国政府长期的政策目标，明确提出构建生态经济体系的落脚点就是保持一个较高水平的生态经济增长。

生态经济增长的关键是生态经济效益最大化。一方面，通过产业生态化，实施绿色全产业链，提高资源环境的生态经济效率，实现低耗能低污染的经济效益；另一方面，通过生态资本投入，增加生态资本存量，如生态保护、植树造林修复，提升生态系统服务功能，开发各种生态服务产品，使生态产品和服务的供给实现自身的需求和经济价值。目的是通过生态产业化达到生态经济效益最大化，实现"绿水青山就是金山银山"。

（二）"零排放"动力驱动的经济体系

地球生态系统在能量上是开放的系统，太阳能每天源源不断地输入地球生态系统，相对于人类目前对能源的消耗量来说，太阳能是取之不尽用之不竭的。太阳能、风能和氢能都是无污染的可再生能源，核能是零碳能源，随着可再生能源技术的进步，零排放可再生能源将逐步取代化石能源。例如，以光伏发电和风力发电为主的可再生能源技术迅猛发展，可再生能源利用成本大幅度下降，光伏发电成本下降了90%以上，我国光伏发电和风力发电即将进入"平价上网"时代，氢能利用技术逐渐成熟，核能利用技术也在加快发展；零排放可再生能源成本下降到极为低廉的程度，工业废弃物的脱硫脱硝、循环利用、污水处理和海水淡化的成本大幅度降低，人类目前所面临的环境污染、资源枯竭、气候变化和生态破坏等问题才可能得到根本解决，人类经济活动对生态系统的影响将实现最小化，生态经济增长有望实现。因此，相关部门根据市场需求，建立健全相关配套制度，鼓励新能源技术发展，加入人力物力投入，推动"零排放"经济体系。

（三）建立绿色全产业链体系

地球上的物质资源终究是有限的，不管未来零排放技术如何成熟，在现实中也不可能使物质得到100%的循环利用。减少环境污染的经济活动必须秉持的一种理念是，末端治理是不得已而为之的次优选择，源头减量才是上策，在生产各个环节就需尽可能地减少废弃物，实行绿色全产业链发展。

社会生产过程中，每个企业在这个过程中如同自然生态系统中的植物和动物一样扮演着生产者、消费者和分解者的角色，如果生产者、消费者消耗的物质—能量越少，或者分解者对生产者、消费者"排泄"的废弃物分解得越彻底，并能"反馈"给生产者，该过程就是一个良性循环的可持续过程。因而，绿色产业链实际上可以分两个层面：一是使生产者、消费者物质—能量的消耗做到"减量化"；二是把从生产者到分解者再到生产者的链条搭建起来，使物质流能够"资源化"和"循环化"。

（四）简约无废和丰富的生态消费体系

生态消费体系是构建生态经济体系不可或缺的组成部分。第一，消费是目的，构建生态经济体系的目的是满足人民不断增长的对美好生活的需要，而丰富的、高品质的消费是美好生活的具体表现之一；第二，消费影响环境，物质消费不可避免会产生垃圾，过度的、不良的消费模式必将向环境中排放大量污染物，增加环境吸收、自净的负担；第三，消费影响生产，尽管"供给能够创造自身的需求"的定律在现实中能得到证明，但更多企业的生产还是"客户导向"，有什么样的消费需求就会有什么样的生产供给，奢侈无度甚至扭曲的物质消费将加速资源的消耗；第四，从宏观经济来说，消费是拉动经济增长的"三驾马车"之一，消费不旺，增长也乏力，生态经济增长也难以实现。

倡导生态消费体系包括两层含义：第一，简约无废的物质消费。物质消费要满足人的基本需求，但人的物质需求是有限度的，超过了一定限度的物质消费实际上主要是为了满足心理需求，不健康的心理需求则导致浪费。因而，要倡导简约健康的消费方式，遏制奢侈浪费的消费，发展共享经济，从源头上减少消费行为对物质—能量的消耗。同时消费行为产生的垃圾，要最大限度地回收利用和无害化处理，减少对环境的影响。第二，丰富的非物质消费。消费的心理需求是人的更高层次的客观需求，是对美好生活追求的组成部分。非物质消费包括娱乐、运动、教育、艺术、健康医疗以及新技术带来的信息消费等。非物质消费具有物质—能量消耗少、可重复性和无限性等特点，基本上是生态的消费行为，可以通过提供丰富的非物质消费产品促进物质消费向非物质消费模式转变。

第三章 柳江流域概况、生态环境现状及问题

第一节 柳江流域自然地理及社会经济概况

一、自然地理概况

柳江流域是珠江水系西江干流第二大支流，其水系呈树枝状，上游河道滩多流急；中、下游水势平缓，河曲较发育。

柳江流域属于华南丘陵的一部分，以峰林平原、峰丛谷地为主。其山体主要有九万大山、摩天岭、大苗山架桥岭和大瑶山等，其中位于大苗山上的元宝山，海拔2 081米，为境内最高峰，也是广西第三高峰。平原主要分布在融江—柳江、洛清江中下游河谷两岸，较大的平原有柳江平原、洛满平原、穿山平原、柳城（融水）平原和鹿寨平原。

二、社会经济概况

2020年，柳州市GDP为3 176.94亿元，比上年增长了1.5%。其中，第一产业增加值为231.37亿元，增长了4.0%；第二产业增加值为1 501.13亿元，下降了1.3%；第三产业增加值为1 444.43亿元，增长了4.2%。第一、二、三产业增加值占地区生产总值的比重分别为7.28%、47.25%和45.47%，按常住人口计算，全年人均地区生产总值达77 148元。

2020年年末，柳州市户籍总人口为393.52万人，比上年年末增加了1.37万人。柳州市常住人口为415.79万人，比上年年末增加了7.99万人，其中城镇人口为290.77万人，占总人口比重（常住人口城镇化率）的69.93%，比上年年末提高了4.51个百分点。户籍人口城镇化率为50.42%，比上年年末提高

了 0.13 个百分点。全年出生人口为 4.73 万人，出生率为 12.00‰；死亡人口为 4.08 万人，死亡率为 10.36‰；自然增长率为 1.64‰。

2020 年年末，柳州市交通运输、仓储及邮政业增加值为 105.87 亿元；公路货物运输达 16 340 万吨；水路货物运输达 875.1 吨；民用航空货物运输达 4 467.2 吨。公路旅客运输量达 198 万人；水路旅客运输量达 19.92 万人；民航旅客运输量达 84.16 万人，增长了 9.9%。

2020 年年末，港口完成货物吞吐量 46.2 万吨；年末机动车保有量 104.97 万辆，比上年增长 12.8%，其中民用汽车 79.52 万辆，载客汽车 72.38 万辆，载货汽车 6.88 万辆，摩托车 24.92 万辆，挂车 0.52 万辆，其他 37 万辆。全年邮政业务总量为 15.86 亿元；电信业务总量为 335.08 亿元，增长了 72.0%。

第二节　柳江流域生态环境现状

一、水文

柳江流域具有丰富的水资源。都柳江为上游河段，河长 365.5 千米，落差 1 214 米，平均坡降 3.3‰；融江为中游河段，河长 182.5 千米，落差 47.5 米，平均坡降 0.26‰，河谷呈 "U" 形，洪水期河宽 300~400 米；龙江汇入后的柳江为下游河段，河长 202.5 千米，落差 35.5 米，平均坡降 0.18‰，柳州以下两岸为低山丘陵与台地平原相间，河宽 250~1 000 米，台地高出枯水面约 15 米。

二、地形地貌

柳江流域属于地处广西 "山" 字形构造的脊柱，前弧东翼和马蹄形地质部位，整个地势总体上是北部、东部高，中部、南部低，从西北向东南缓缓倾斜的湖盆。地貌以岩溶残蚀峰林平原和峰林丛洼地为主，低山丘陵穿插其中，其中低山丘陵面积占陆地面积的 58.4%。地貌成因类型主要有侵蚀堆积，溶蚀堆积，侵蚀溶蚀，构造侵蚀剥蚀四种。

三、水文地质条件

柳江流域低山丘陵地区地下水以基岩裂隙水为主，主要接受降雨补给，赋存和运移在基岩裂隙中，以分散近源排泄汇成溪流为主，比较集中的泉水排泄次之。地下水的富集程度受岩性、构造、风化程度、风化壳厚度、降雨、植被和地貌等因素的制约。岩溶区地下水以岩溶水为主，主要接受降雨补给，部分接受基岩裂隙水的侧向补给，赋存运移在岩溶洞（管）道和溶隙（缝）系统中，以地下河和大泉的形式出露地表，补给地表河流，水量丰富程度受岩性、构造、地貌、水动力条件等诸多因素的制约，平原区岩溶地下水埋深一般小于10米。

四、主要自然资源状况

（一）水资源

柳江干流在柳州市境内418千米，流域面积为17 978平方千米。柳江水量丰富，季节性变化大；水流湍急，落差大；河岸高，多弯曲，多峡谷、险滩；河流含沙量少。柳江流域流经的柳州市地下水丰富，水资源总体较丰富。2019年全市供水综合生产能力为194.19万立方米/日。全年售水量为3.23亿立方米，其中生产运营用水1.10亿立方米，居民家庭用水1.64亿立方米，公共服务用水0.47亿立方米。全市人均日生活用水262.23升。

（二）森林资源

柳江流域有高等植物达302科，1 232属，3 278种，特有物种集中在九万大山以及元宝山，稀有植物有16种。亚热带常绿阔叶林带主要分布在融江流域和洛清江流域，为广西主要林区。

柳江流域植被类型主要有针叶林、阔叶林、灌丛、草丛等。柳江流域森林面积为12 109平方千米。森林覆盖率达67.02%。活立木蓄积7 491.6万立方米，其中乔木林7 058.9万立方米，农地乔木林10.7万立方米，疏林6.1万立方米，散生木335.9万立方米，四旁树80.0万立方米。

柳江流域现有各类保护区16个，其中，现有自然保护区5个（国家级自然保护区2个、自治区级自然保护区2个、县级自然保护区1个），总面积为624.13平方千米，具体情况如表3-1所示；现有森林公园6个，总面积为145.7平方千米，具体情况如表3-2所示；现有地质公园2个，即鹿寨香桥岩溶国家级地质公园（国家级，面积约为139平方千米）和广西融安石门自治区级地质公园（自治区级，面积约为4.67平方千米）；现有自治区级以上风景名胜区4个，总面积为170.98平方千米，具体情况如表3-3所示。

表 3-1　柳江流域自然保护区情况

序号	保护区名称	地点	面积/平方千米	主要保护对象	保护区类型	批准机关	保护区级别
1	九万山水源林自然保护区	融水苗族自治县、罗城仫佬族自治县、环江毛南族自治县	373.33	水源涵养林	森林生态系统类	自治区人民政府	国家级
2	元宝山自然保护区	融水苗族自治县	42.21	元宝山冷杉、珍稀动物及水源涵养林	森林生态系统类	自治区人民政府	国家级
3	拉沟自然保护区	鹿寨县	115.00	红腹角雉、白颈长尾雉等鸟类及水源涵养林	野生动物类	自治区人民政府	自治区级
4	泗涧山大鲵自然保护区	融水苗族自治县	29.18	大鲵及其生境	野生动物类	自治区人民政府	自治区级
5	三锁鸟类自然保护区	融安县	64.41	红腹角雉、黄腹角雉等鸟类及水源涵养林	野生动物类	自治区人民政府	县级

数据来源：柳州市自然资源和规划局。

表 3-2　柳江流域森林公园情况

序号	保护区名称	地点	面积/平方千米	主要保护对象	保护区类型	批准机关	保护区级别
1	三门江国家森林公园	柳州市城中区	41.83	森林景观	山岳型	原国家林业部	国家级
2	元宝山国家森林公园	融水苗族自治县	40.42	森林景观	山岳型	原国家林业部	国家级
3	红茶沟国家森林公园	融安县	9.05	森林景观	山岳型	国家林业局	国家级
4	君武自治区级森林公园	柳州市郊柳北区	1.20	森林景观	山岳型	原广西林业厅	自治区级
5	险山（洛清江）自治区级森林公园	鹿寨县	53.00	森林景观	山岳型	原广西林业厅	自治区级
6	玉华森林公园	融水苗族自治县	0.20	森林景观	山岳型	——	自治区级

数据来源：柳州市自然资源和规划局。

表 3-3　柳江流域风景名胜区情况

序号	保护区名称	地点	面积/平方千米	批准机关	保护区级别
1	香桥岩风景名胜区	鹿寨县	42.47	自治区人民政府	自治区级
2	木溪—八江风景名胜区	三江侗族自治县	50.16	自治区人民政府	自治区级

表3-3(续)

序号	保护区名称	地点	面积/平方千米	批准机关	保护区级别
3	元宝山—贝江风景名胜区	融水苗族自治县	71.95	自治区人民政府	自治区级
4	龙潭—都乐岩风景名胜区	鱼峰区	6.40	自治区人民政府	自治区级

数据来源：柳州市自然资源和规划局。

（三）矿产资源

柳江流域位于南岭成矿带中西段，有较好的成矿条件，矿产资源种类较多，分布广泛。柳江流域矿产资源区域分布特点鲜明，北部是锡、铅、锌、铜、镍等有色金属矿产分布区，中南部是石灰岩、页岩等普通建材类矿产和白云岩、溶剂灰岩等冶金辅助原料矿产分布区，南部主要是锰矿分布区，中东部为铁矿分布区。非金属矿产资源优势明显。

柳江流域主要优势矿种为白云岩、熔剂用灰岩、水泥用灰岩、化肥用蛇纹岩、重晶石、高岭土、水泥配料用砂岩、水泥配料用页岩、砖瓦用页岩等非金属矿产，具有把行业做大做强的有利条件。白云岩主要分布于柳州市市本级、柳江区、柳城县，水泥用灰岩主要分布于柳州市市本级周边，重晶石主要分布于融安县、融水苗族自治县、三江侗族自治县，高岭土、化肥用蛇纹岩主要分布于融水苗族自治县，熔剂用灰岩主要分布于鹿寨县、柳江区，砖瓦用页岩、水泥配料用页岩、水泥配料用黏土等矿产分布广泛。锡、铅、锌、铁、铜等金属矿产分布相对集中，有利于集中勘查开发。锡、铅、锌、钴、镍等有色金属矿产主要分布于融安县、融水苗族自治县、三江侗族自治县，多矿种共伴生赋存，综合利用价值大。铁矿主要分布于鹿寨县、融安县，属高磷、硫难选矿石。铜矿集中分布在融水苗族自治县、鹿寨县两县，常与锡、镍共伴生。锰矿在柳州市城区周边、三江侗族自治县东部、柳江区东南部、鹿寨县都有一定分布，以氧化锰为主。

（四）旅游资源

柳江流域主要流经柳州市的5区、5县，故对柳江流域旅游资源的介绍主要依照柳州市相关数据。柳州市是国家历史文化名城、优秀旅游城市。柳州市区青山环绕，绿水抱城，被誉为"世界第一天然大盆景"，盛产奇石，有"柳州奇石甲天下"的美誉。1994年元月，柳州市被国务院正式命名为"历史文化名城"。

柳州市少数民族众多，是壮、瑶等民族聚居的城市，民族风情独具神韵，几千年来一直是汉族和岭南各土著民族经济和文化交流、融合的汇集点，具有浓厚的民族传统文化沉积。

以柳州市为圆心的250千米半径范围内，集中了广西80%的4A级以上旅游风景区，如三江程阳侗族八寨景区、柳州龙潭景区、鹿寨县中渡古镇景区、广西鹿寨香桥岩风景区、柳州市三江侗族自治县大侗寨景区、柳州市百里柳江旅游景区等。柳州市的北部地区和毗邻的桂林市，共同构成享誉世界的大桂林旅游区。2002年，柳州市被联合国开发计划署定为中国"21世纪城市规划、管理和发展"试点城市。

五、土地利用情况

根据全国第三次土地调查结果，柳江流域国土总面积为18 596.785 1平方千米，土地利用类型详见表3-4。

表3-4　柳江流域土地利用类型

类型	代码	名称	面积/平方千米	占比/%
国土调查总面积			18 596.785 1	100.00
湿地	00	小计	32.390 7	0.17
	1106	内陆滩涂	32.390 7	0.17
耕地	01	小计	2 539.928 9	13.66
	0101	水田	1 343.530 9	7.22
	0102	水浇地	8.636 9	0.05
	0103	旱地	1 187.761 1	6.39
种植园用地	02	小计	1 168.110 3	6.28
	0201	果园	756.362 2	4.07
	0202	茶园	76.558 8	0.41
	0204	其他园地	335.189 3	1.80
林地	03	小计	12 787.326 1	68.76
	0301	乔木林地	9 148.883 2	49.20
	0302	竹林地	428.315 8	2.30
	0305	灌木林地	2 142.177 7	11.52
	0307	其他林地	1 067.949 4	5.74

表3-4(续)

类型	代码	名称	面积/平方千米	占比/%
草地	04	小计	247.822 5	1.33
	0401	天然牧草地	6.471 5	0.03
	0403	人工牧草地	0.251 9	0
	0404	其他草地	241.099 1	1.30
城镇村及工矿用地	20	小计	693.791 8	3.73
	201	城市	150.602 9	0.81
	202	建制镇	153.973 8	0.83
	203	村庄	343.058 4	1.84
	204	采矿用地	34.199	0.18
	205	风景名胜及特殊用地	11.957 7	0.06
交通运输用地	10	小计	284.523 5	1.53
	1001	铁路用地	22.152 8	0.12
	1002	轨道交通用地	0.214 8	0
	1003	公路用地	119.403 9	0.64
	1006	农村道路	139.806 1	0.75
	1007	机场用地	2.005 9	0.01
	1008	港口码头用地	0.845 3	0.004 5
	1009	管道运输用地	0.094 7	0.000 5
水域及水利设施用地	11	小计	550.236 5	2.96
	1101	河流水面	330.721 8	1.78
	1103	水库水面	56.824 9	0.31
	1104	坑塘水面	83.485 4	0.45
	1107	沟渠	71.594 1	0.39
	1109	水工建筑用地	7.610 3	0.04

表3-4（续）

类型	代码	名称	面积/平方千米	占比/%
	12	小计	292.654 8	1.57
其他土地	1202	设施农用地	17.644 6	0.09
	1203	田坎	270.032 5	1.45
	1206	裸土地	0.925 3	0.01
	1207	裸岩石砾地	4.052 4	0.02

数据来源：柳州市自然资源和规划局。

第三节　柳江流域生态环境问题识别和现状诊断

一、生态环境问题识别

（一）山：石漠化和矿区影响与破坏地形地貌景观和生态环境，加剧流域人地矛盾

柳江流域属于典型的喀斯特地貌地区，地貌以岩溶残蚀型峰林平原和峰丛洼地为主，其地处以水力侵蚀为主的南方红壤区和西南岩溶区，主要类型为面蚀和沟蚀，其中柳州市城中区、鱼峰区、柳南区、柳北区、柳江区、柳城县、鹿寨县属于南方红壤区，而融水苗族自治县、融安县、三江侗族自治县属于西南岩溶区。

根据广西壮族自治区 2017 年《柳州市岩溶地区第三次石漠化监测报告》，柳江流域（柳州）石漠化土地面积为 795.148 平方千米（见表 3-5），以重度石漠化土地为主，占区域石漠化土地面积的 60.3%，石漠化程度较高。按地域分布，流域内轻度石漠化土地主要分布在柳江区和融安县，占轻度石漠化土地面积的 82.8%；中度石漠化土地主要分布在柳江区、柳城县和鹿寨县，占中度石漠化土地面积的 85.9%；重度石漠化土地主要分布在柳江区和融安县，占重度石漠化土地面积的 78.0%；极重度石漠化土地主要分布在柳江区和鹿寨县，占极重度石漠化土地面积的 66.4%。融安县、融水苗族自治县、三江侗族自治县则属于滇黔桂石漠化片区县。

2011 年和 2016 年柳州市及其所辖各区县石漠化状况总体面积对比见表 3-6。相较于 2011 年，2016 年的石漠化土地面积下降了 22.7%，潜在石漠化土地面积增加了 10.8%，非石漠化土地面积增加了 1.9%，其中柳江县①、鹿寨县、融安县的潜在石漠化土地面积增加幅度最高。

———————————

① 2017 年 1 月 6 日后为柳江区。

表3-5 2017年柳州市及其所辖各区县石漠化状况及程度统计

行政区域	合计/平方千米	石漠化土地										潜在石漠化土地		非石漠化土地	
		小计		轻度石漠化		中度石漠化		重度石漠化		极重度石漠化		数值/平方千米	比例/%	数值/平方千米	比例/%
		数值/平方千米	比例/%	数值/平方千米	比例/%	数值/平方千米	比例/%	数值/平方千米	比例/%	数值/平方千米	比例/%				
柳州市	6 700.589 5	795.140 8	11.87	98.203 1	12.35	214.270 5	26.95	479.191 3	60.26	3.475 9	0.44	1 572.373 9	23.47	4 333.074 8	64.67
城中区	45.360 8	1.139 2	2.51	0.032 6	2.86	1.106 6	97.14	—	0	—	0	1.350 8	2.98	42.870 8	94.51
鱼峰区	66.722 8	7.106 2	10.65	0.996 1	14.02	5.023 1	70.69	0.858 6	12.08	0.228 4	3.21	12.452 1	18.66	47.164 5	70.69
柳南区	71.421 6	6.048 9	8.47	—	—	0.292 2	4.83	5.577 3	92.20	0.179 4	2.97	14.334 9	20.07	51.037 8	71.46
柳北区	14.374 8	1.324 8	9.22	0.321 9	24.30	1.002 9	75.70	—	0	—	0	1.150 6	8.00	11.899 4	82.78
柳江区	2 321.327 7	266.170 2	11.47	23.627 1	8.88	30.576 7	11.49	211.003 9	79.27	0.962 5	0.36	558.554 9	24.06	1 496.602 6	64.47
柳城县	1 973.004 5	158.561 9	8.04	9.703 2	6.12	127.579 4	80.46	21.081	13.30	0.198 3	0.13	342.108 3	17.34	1 472.334 3	74.62
鹿寨县	743.008 5	102.432 3	13.79	5.867 6	5.73	25.987 1	25.37	69.231 9	67.59	1.345 7	1.31	230.755 6	31.06	409.820 6	55.16
融安县	1 199.287 5	241.726 5	20.16	57.654 6	23.85	20.451 8	8.46	163.136 1	67.49	0.484 0	0.20	351.561	29.31	606.000 3	50.53
融水苗族自治县	266.081	10.630 8	4.00	—	—	2.250 7	21.17	8.302 5	78.10	0.077 6	0.73	60.105 7	22.59	195.344 5	73.42

资料来源：2017年广西壮族自治区《柳州市岩溶地区第三次石漠化监测报告》。

表3-6 2011年和2016年柳州市及其所辖各区县石漠化状况总体面积对比

行政区域	岩溶土地面积/平方千米	石漠化土地面积				潜在石漠化土地面积				非石漠化土地面积			
		2011年/平方千米	2016年/平方千米	增减/平方千米	比例/%	2011年/平方千米	2016年/平方千米	增减/平方千米	比例/%	2011年/平方千米	2016年/平方千米	增减/平方千米	比例/%
柳州市	6 700.589 5	1 029.083 5	795.140 8	-233.942 7	-22.7	1 418.546 3	1 572.373 9	153.827 6	10.8	4 252.959 7	4 333.074 8	80.115 1	1.9
城中区	45.360 8	1.604 8	1.139 2	-0.465 6	-29	1.475	1.350 8	-0.124 2	-8.4	42.281	42.870 8	0.589 8	1.4
鱼峰区	66.722 8	8.762 9	7.106 2	-1.656 7	-18.9	12.053 3	12.452 1	0.398 8	3.3	45.906 6	47.164 5	1.257 9	2.7
柳南区	71.421 6	7.789 3	6.048 9	-1.740 4	-0.223	14.815 3	14.334 9	-0.480 4	-3.2	48.817	51.037 8	2.220 8	4.5
柳北区	14.374 8	1.644 8	1.324 8	-32	-19.5	1.133 9	1.150 6	1.67	1.5	11.596 1	11.899 4	0.303 3	2.6
柳江县	2 321.327 7	373.99	266.170 2	-107.819 8	-0.288	496.995 1	558.554 9	61.559 8	0.124	1 450.342 6	1 496.602 6	46.26	3.2
柳城县	1 973.004 5	189.400 4	158.561 9	-30.838 5	-16.3	327.180 5	342.108 3	14.927 8	4.6	1 456.423 6	1 472.334 3	15.910 7	1.1
鹿寨县	743.008 5	128.471 7	102.432 3	-26.039 4	-20.3	209.289 9	230.755 6	21.465 7	10.3	405.246 9	409.820 6	4.573 7	1.1
融安县	1 199.287 8	304.575 3	241.726 5	-62.848 8	-20.6	295.982 1	351.561	55.578 9	18.8	598.730 4	606.000 3	7.269 9	1.2
融水苗族自治县	266.081	12.844 3	10.630 8	-2.213 5	-17.2	59.621 2	60.105 7	0.484 5	0.8	193.615 5	195.344 5	1.729	0.9

资料来源：2017年广西壮族自治区《柳州市岩溶地区第三次石漠化监测报告》。

柳江流域（柳州）矿产资源较为丰富，采矿及矿产加工相关的企业在流域分布广泛，其中柳城县、融水苗族自治县、融安县、鹿寨县分布数量较多，受到天然背景及矿业开采行为的双重影响，农田林地土壤污染物含量相对较低，而柳江流域矿区周边土壤存在部分污染物超标，矿产开采加工行业造成的拟开发工业污染地块中的有机污染物以多环芳烃、总石油烃、苯系物等为主，重金属污染物以镉、砷、铬等为主，上述污染物明显超标给相关地块的土壤安全利用造成了严重的风险，伴随其开发利用可能给下游耕地等土壤造成一定的污染胁迫。

根据广西采矿生态环境监测系统和 2021 年广西壮族自治区历史遗留矿山核查工作数据，截至 2022 年 1 月，柳州市废弃矿山共计 894 座，分布于全市 5 县、5 区行政区范围内，共计损毁各类土地面积 27.251 1 平方千米。其中历史遗留废弃矿山共计 503 座（包含地下开采及露天开采），有责任主体废弃矿山 388 座，未注销矿山 3 座，其基本情况见表 3-7。

表 3-7　废弃矿山基本情况统计

区/县	废弃矿山数量/座	矿山损毁面积/平方千米	历史遗留矿山/座	有责任主体矿山/座	未注销矿山/座
城中区	13	1.118 3	5	8	0
鱼峰区	43	0.964 1	23	20	0
柳南区	59	2.493 2	24	35	0
柳北区	61	2.724 0	17	44	0
柳江区	125	4.856 9	89	36	0
鹿寨县	85	4.836 0	29	53	3
柳城县	232	3.849 2	190	42	0
融安县	88	2.588 0	35	53	0
融水苗族自治县	131	2.692 6	75	56	0
三江侗族自治县	57	1.128 8	16	41	0
合计	894	27.251 1	503	388	3

（二）水（湖）：水土流失依然严峻，水资源和水生态环境新旧问题交织

2017—2020 年《广西壮族自治区水土保持公报》中的数据表明（见图 3-1），柳江流域（柳州）水土流失面积最大的是融水苗族自治县，其次是柳城

县和柳江区，其中 2020 年剧烈侵蚀类水土流失主要分布在柳江区，占该类总面积的 54.35%；极强烈侵蚀类主要分布在柳江区、融水苗族自治县、柳城县，分别占该类总面积的 27.85%、19.59%、17.12%；强烈侵蚀类主要分布在融水苗族自治县、融安县、柳城县，分别占该类总面积的 31.21%、17.11%、16.57%；中度侵蚀类主要分布在融水苗族自治县、三江侗族自治县、柳城县、融安县、柳江区，分别占该类总面积的 24.67%、16.28%、15.51%、14.13%、13.11%。从水土流失地类分布看，水土流失主要分布在坡耕地、疏幼林地、荒地、造林迹地中，而区域内坡度大于 15 度坡地占土地总面积的 45.60%，流域的水土流失防治形势依然严峻。与此同时，当流域上游区域遭受暴雨时，大量泥沙进入水体，造成水体浑浊度增大，对水环境造成严重影响。

流域内水资源丰富，2020 年流域水资源总量为 264.9 亿立方米，折合径流深 1 425 毫米，径流系数为 0.70，多年平均径流系数为 0.62①。由图 3-2 可知，2002—2019 年流域水资源总量的年际变化情况与降水量基本一致，但区域水资源时空分布不均（见表 3-8）；流域中各区县市均临江而建，城镇供水主要依靠从柳江及其支流河道内取水，供水水源较为单一。提水工程可供水量受天然来水情况及上游用水、排水的影响，安全供水的风险大。随着经济社会的快速发展对水资源需求越来越大，现状供水方式已难以满足经济社会的用水需求。特别是近年来，随着工农业的快速发展，城市化水平的不断提高，由于企业违法排污、安全生产事故、交通事故以及极端性天气的影响，柳江水源地突发性环境污染事件数量呈不断增加趋势，城区供水安全存在巨大隐患。2012 年春节期间，柳江支流龙江发生镉污染水环境事件，导致处在下游的柳州市饮用水水源地被破坏，给柳州市带来了一场"水危机"，严重影响了社会稳定。因此，流域现状单一水源的供水体系存在着较大的风险和隐患，已不能完全适应当前城市发展的现状和需要，难以确保城市供水安全。流域现状水资源开发利用量为 22.35 亿立方米，仅占本地多年平均水资源量 185.7 亿立方米的 12.0%，区域内水资源开发利用率（<15%）低于全国平均水平，水资源开发程度不高，工程性、水质性缺水问题仍然存在；水资源的调控能力低，区域蓄水工程共库容仅占柳江流域年均径流总量的 8.1%；流域现状农田灌溉水有效利用系数为 0.480，低于全国平均水平（0.542）；万元 GDP 用水量为 90 立方米/万元，高于全国平均水平（81 立方米/万元）；城镇生活用水量指标为 317 升/天，高于全国平均水平 220 升/天；农村生活用水量指标为 139 升/天，高于全国平均水平 86 升/天；可见，柳州市农田灌溉、工业用水、生活用水等方

① 资料来源：2020 年《广西壮族自治区水资源公报》。

面仍有较大的节水空间，与节水型社会的整体要求相比，仍然存在一定差距。

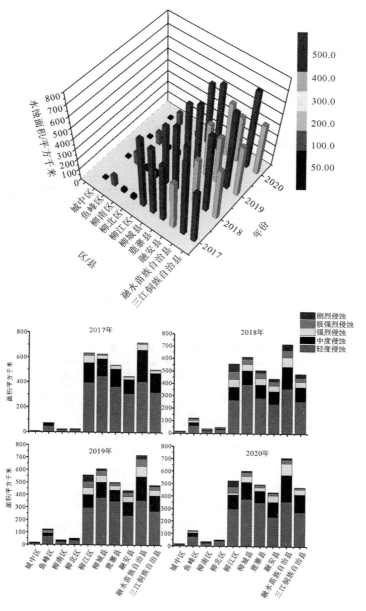

图 3-1　2017—2020 年柳江流域（柳州）水土流失情况

（数据来源：2017—2020 年《广西壮族自治区水土保持公报》）

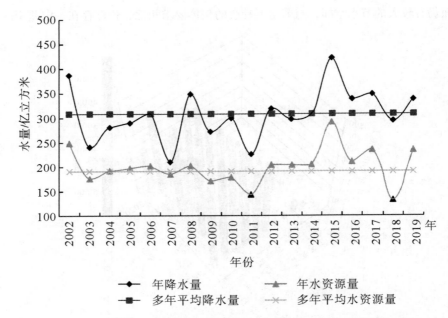

图 3-2　2002—2019 年柳江流域（柳州）降水量、水资源总量变化

（数据来源：《2019 年柳州市水资源公报》）

表 3-8　柳州市及其所辖各区县降水量、水资源量

行政分区	降水深 /毫米	降水量 /亿立方米	地表水 资源量 /亿立方米	折合径 流深 /毫米	地下水 资源量 /亿立方米	水资源 总量 /亿立方米
柳州市	1 396.7	45.70	32.40	990.2	4.671	32.40
柳城县	1 513.8	31.85	28.74	1 365.8	2.792	28.74
鹿寨县	1 900.1	63.35	45.15	1 354.3	4.425	45.15
融安县	2 144.6	61.7	30.11	1 046.4	3.818	30.11
融水苗族自 治县	2 051.4	94.65	62.74	1 359.7	6.124	62.74
三江侗族自 治县	1 670.8	39.95	35.79	1 497.0	3.173	35.79

数据来源：《2019 年柳州市水资源公报》。

　　流域内水环境质量良好，生态环境部发布的《2020 年 1—12 月国家地表水考核断面水环境质量状况排名前 30 位城市及所在水体》中，柳州市全国排名第一。地表水水质达到或优于Ⅲ类，成为全国工业城市河流治理的典范，国控断面和区控断面水质优良（达到或好于Ⅲ类）（见表3-9），但部分城镇的内河与小河流的水质较差，局部地区由于人类开发利用强度剧烈，水生态系统出现了水文、物理结构、水质、生物等特征的变化，表现出水量分配不均、河岸带破坏、河流连通性降低、天然湿地面积萎缩、水环境污染风险增加、水生生物种群衰退等问题。随着柳州市城市化水平的不断提高，工业废水和生活污水也不断增加，部分区域水功能区污染物入河量十分接近甚至已经超过其纳污限排总量，如果不及时采取合理措施削减污染物入河量，会对水功能区的水生态环境造成一定的负面影响。总的来说，流域水生态环境依旧面临着较大挑战与压力，水资源与水生态的保护任务较为艰巨。

表3-9　柳江流域（柳州）国控断面和区控断面水质类别评价结果

河流名称	年份	断面名称	1月	2月	3月	4月	5月	6月	7月	8月	9月	10月	11月	12月
都柳江	2017	梅林	II	II	II	II	II	II	II	I	I	II	I	II
	2018	梅林	II	II	II	II	II	II	II	I	I	II	I	II
	2019	梅林	II	II	II	II	II	II	I	II	I	II	I	I
	2020	梅林	I	II	II	II	II	II	I	II	II	II	II	II
融江	2017	木洞◆	II	I	I	I	II	II	II	II	I	I	II	II
	2018	木洞◆	II	I	I	I	I	II	II	II	II	I	II	I
	2019	木洞◆	I	II	II	II	I	II	I	II	II	I	I	II
	2020	木洞◆	I	II	II	I	I	II	II	II	I	I	I	I
	2017	大洲	II	I	I	I	I	II	I	I	I	I	I	II
	2018	大洲	I	I	I	I	I	II	II	II	II	I	II	II
	2019	大洲	II	I	II	I	I	II	II	I	II	II	I	II
	2020	大洲	I	I	I	I	I	II	II	II	I	II	II	II
贝江	2017	贝江口	I	I	I	I	III	III	I	I	I	I	I	I
	2018	贝江口	I	II	II	I	I	I	I	II	II	I	I	II
	2019	贝江口	I	I	I	I	I	II	II	II	I	II	I	II
	2020	贝江口	I	II	II	I	I	I	II	II	II	I	II	II
柳江	2017	露塘◆	II	I	I	I	I	II	II	II	I	I	I	II
	2018	露塘◆	II	I	I	I	II	I	II	II	II	I	I	II
	2019	露塘◆	I	II	II	I	II	I	—	II	II	I	I	II
	2020	露塘◆	I	II	II	I	I	I	II	II	I	I	I	I
	2017	沙堡滩	III	I	I	I	I	II	II	II	I	I	I	II
	2018	沙堡滩	II	I	I	III	I	III	II	II	II	I	I	II
	2019	沙堡滩	II	I	I	I	I	II	II	II	I	I	I	II
	2020	沙堡滩	II	I	I	I	I	II	III	II	I	I	II	II
	2017	猫耳山	II	I	I	I	I	II	II	II	I	I	III	II
	2018	猫耳山	II	I	I	II	I	II	I	II	II	I	II	II
	2019	猫耳山	II	I	II	II	I	II	I	II	I	I	I	II
	2020	猫耳山	II	I	II	II	I	II	I	II	I	II	II	II
浪溪江	2017	浪溪江	I	I	II	I	I	II	I	I	I	II	I	I
	2018	浪溪江	I	I	I	II	II	II	I	II	III	II	I	I
	2019	浪溪江	I	I	I	II	II	II	I	II	II	II	I	I
	2020	浪溪江	I	II	II	II	I	II	II	II	II	II	II	II

表3-9（续）

河流名称	年份	断面名称	1月	2月	3月	4月	5月	6月	7月	8月	9月	10月	11月	12月
洛清江	2017	百鸟滩	II	II	II	II	II	II	II	II	II	II	II	I
	2018	百鸟滩	I	II	II	II	II	II	II	II	III	II	II	II
	2019	百鸟滩	II	II	II	II	II	II	II	II	II	I	I	I
	2020	百鸟滩	I	II	II	II	II	II	I	II	II	II	II	II
	2017	渔村◆	II	II	III	II	II	II	II	II	II	II	II	II
	2018	渔村◆	II	II	II	II	II	II	II	II	II	II	II	II
	2019	渔村◆	II	II	II	II	II	III	II	II	III	II	II	II
	2020	渔村◆	II	III	II	II	II	II	II	II	II	II	II	II

数据来源：《2017—2020年柳州市环境状况公报》，◆为国考断面。

（三）林（草）：自然林退化，人工林分组成单一，生物多样性和生态安全屏障受威胁

柳江流域2020年的森林覆盖率为67.02%，林地覆盖率为60.19%，非林地覆盖率为6.83%，但流域中出现岩溶山区的森林退化，区域植被种类减少，群落结构趋于简单化，加之不正当的人为开发，使岩溶生态系统生物多样性趋于简单化，珍稀濒危野生植被面临巨大威胁。同时，一些老林区的森林，林木蓄积量增长的幅度比不上有林面积的增长幅度，单位面积蓄积量有所下降，大径级木材越来越少；低产林和残次林偏多，一些次生天然林因人为因素的侵扰而导致生态防护功能有所降低。

林业发展程度不均衡，林分组成不合理。在人工造林中，仍然以杉树、桉树为主，单品种纯林多，混交林少，珍贵树种少，个别区县依然选用成活好、见效快的树种，如速生桉等树种，造成部分人造林地树种过于单一，林分组成不合理，生态景观多样性较差，这既不利于维护生物多样性，也不利于森林防火和森林病虫害的防治，导致森林生态功能下降，流域中常见的单种林如图3-3所示。

（a）杉树林　　　　　　　　　　（b）速生桉林

图3-3　柳江流域内常见的单种林

随着近年来学界对柳江流域生物多样性研究的不断深入，实施区同样也面

临外来物种入侵的问题，入侵的物种主要包括福寿螺（Pomacea canaliculata）、巴西龟（Trachemys scripta）、小龙虾（Procambarus clarkii）、豚草（Ambrosia artemisiifolia）、清道夫（Pterygoplichthys multiradiatus）等。这些外来入侵物种由于缺少天敌的制约，繁殖迅速，数量呈几何级增长，且往往肆意生长为当地新的优势物种，严重破坏当地的生物多样性和生态安全。

（四）田：农业发展空间南多北少，耕地保护面临数量与质量双重压力

柳江流域（柳州）农业空间分布极不均衡，农业空间发展状态总体上呈现"南多北少，南集中、北分散"的空间分布特征。

从耕地数量的空间分布情况来看（见图3-4），耕地数量主要分布在柳城县、柳江区、融水苗族自治县和鹿寨县；但是从耕地占柳江流域（柳州）国土面积的比重来看，流域北部地区融安县、融水苗族自治县和三江侗族自治县国土总面积占全市比例超过50%，但耕地面积占全市耕地总面积的比例不到30%，且多数为零星分布于山间谷中，大部分地类以水田为主，旱地的比重较小；流域南部地区耕地占流域国土总面积的比例较大，多数耕地资源分布于平原台地，整体较为集中连片，大部分地类以旱地为主，水田比重相对较小。

从耕地质量空间分布来看，2019年流域耕地质量等级均分布在1～10级，耕地面积占比最大的为6级地（面积为82.57万亩①，占比15.8%），占比最小的为10级地（面积为20.58万亩）。耕地质量抽样调查结果表明（见表3-10），优质耕地、平地和高产耕地主要分布在南部地区的柳州市主城区、柳江区和鹿寨县，北部地区的融安县、融水苗族自治县和三江侗族自治县，虽然耕地数量不少，但是耕地零星分布，优质耕地面积少。

---

① 1亩≈0.0067平方千米。

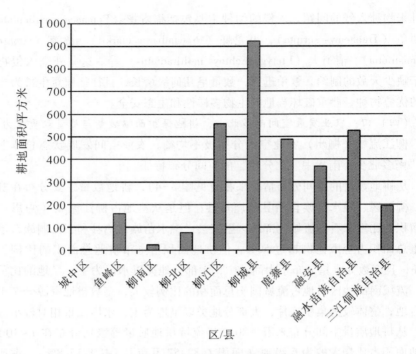

图 3-4　柳州市各区/县耕地数量分布情况

（数据来源：柳州市自然资源和规划局）

表 3–10　2018—2019 年柳江流域（柳州）各区县耕地地力等级变化情况

	地力等级	总体	水田	旱地	1级	2级	3级	4级	5级	6级	7级	8级	9级	10级
主城区	样本量	3 449	1 213	2 236	155	284	273	507	484	356	592	438	260	100
	差值和	0.672	0.106	0.566	0.034	-0.120	-0.047	0.098	-0.042	0.106	0.321	0.244	0.101	-0.023
	平方差总和	0.069	0.016	0.052	0.003	0.007	0.004	0.008	0.008	0.003	0.016	0.009	0.009	0.002
	sd	0	0	0	0	0	0	0	0	0	0	0	0	0
	差值平均	0	0	0	0	0	0	0	0	0	0	0	0	0
	T值	0.96	0.82	0.48	0.62	0.48	0.71	0.51	0.48	1.05	0.54	0.53	0.06	0.09
	差异显著性评价	不显著	不显著	不显著	不显著	不显著	不显著	不显著	不显著	不显著	不显著	不显著	不显著	不显著
	结论	年度耕地质量总体上升不显著	年度水田耕地质量总体上升不显著	年度旱地耕地质量总体上升不显著	年度本地力等级耕地质量总体上升不显著	年度本地力等级耕地质量总体上升不显著	年度本地力等级耕地质量总体下降不显著	年度本地力等级耕地质量总体下降不显著	年度本地力等级耕地质量总体上升不显著	年度本地力等级耕地质量总体上升不显著	年度本地力等级耕地质量总体上升不显著	年度本地力等级耕地质量总体上升显著	年度本地力等级耕地质量总体上升不显著	年度本地力等级耕地质量总体上升不显著
	面积/亩	370 200.0	50 781.6	319 418.4	11 057.6	43 739.9	46 315.5	38 953.1	66 359.7	39 628.8	55 156.0	42 604.0	16 889.5	9 495.8
鹿寨县	样本量	5 252	2 729	2 523	283	347	433	652	825	993	696	559	297	167
	差值和	-1.013 76	-0.472 39	-0.541 37	-0.000 69	-0.125 89	-0.022 39	-0.056 78	-0.160 45	-0.220 44	-0.220 17	-0.040 86	-0.056 67	-0.109 42
	平方差总和	0.033 954 242	0.016 112 458	0.017 841 784	4.82E-07	0.006 059 121	0.001 688 857	0.003 028 824	0.004 709 865	0.007 622 199	0.005 469 309	0.000 601 228	0.001 558 758	0.003 215 599
	sd	0.000 035	0.000 046.4	0.000 052 8	0.000 002 45	0.000 223 799	0.000 095	0.000 084 4	0.000 083	0.000 087 7	0.000 105 654	0.000 043 8	0.000 132 695	0.000 336 761
	差值平均	-0.000 019	-0.000 17	-0.000 21	-2.50E-06	-0.000 36	-5.20E-05	-8.70E-05	-0.000 19	-0.000 22	-0.000 32	-7.30E-05	-0.000 19	-0.000 66
	T值	0.52	0.73	0.07	1	0.62	0.54	1.03	1.34	1.53	0.99	0.67	1.44	0.95
	差异显著性评价	不显著	不显著	不显著	不显著	不显著	不显著	不显著	不显著	不显著	不显著	不显著	不显著	不显著
	结论	年度耕地质量总体上升不显著	年度水田耕地质量总体上升不显著	年度旱地耕地质量总体上升不显著	年度本地力等级耕地质量总体上升不显著	年度本地力等级耕地质量总体上升不显著	年度本地力等级耕地质量总体上升不显著	年度本地力等级耕地质量总体上升不显著	年度本地力等级耕地质量总体上升不显著	年度本地力等级耕地质量总体上升不显著	年度本地力等级耕地质量总体上升不显著	年度本地力等级耕地质量总体上升不显著	年度本地力等级耕地质量总体上升不显著	年度本地力等级耕地质量总体上升不显著
	面积/亩	883 400	440 034.2	443 365.8	53 182.036 1	48 425.735 2	72 679.440 7	121 039.325	133 436.626	177 558.188	108 682.391	88 665.118	52 467.260 9	27 263.879 5

表3-10（续）

	地力等级	总体	水田	旱地	1级	2级	3级	4级	5级	6级	7级	8级	9级	10级
柳城县	样本量	8 057	3 331	4 726	198	362	873	965	1 235	1 544	1 044	910	681	245
	差值和	0.741 86	0.351 347	0.390 513	0.058 594	0.033 43	0.062 968	0.042 155	0.119 916	0.094 22	0.151 312	0.098 889	0.052 534	0.027 841
	平方和总和	0.019 928 41	0.010 270 645	0.009 657 765	0.001 792 802	0.001 117 57	0.002 163 591	0.000 739 828	0.002 925 716	0.002 586 099	0.003 832 34	0.002 525 149	0.001 470 197	0.000 775 119
	sd	0.000 017 5	0.000 030 4	0.000 020 8	0.000 213	0.000 092 3	0.000 053 3	0.000 028 2	0.000 043 7	0.000 032 9	0.000 059 2	0.000 055 1	0.000 056 3	0.000 114
	差值平均	0.000 092 1	0.000 105	0.000 082 6	0.000 296	0.000 092 3	0.000 072 1	0.000 043 7	0.000 097 1	0.000 061	0.000 145	0.000 109	0.000 077 1	0.000 114
	T值	1.03	1.37	0.78	1.02	1.14	1.1	1.14	1.31	1.13	1.27	1.07	1.24	1.26
	差异显著性评价	不显著	不显著	不显著	不显著	不显著	不显著	不显著	不显著	不显著	不显著	不显著	不显著	不显著
	结论	年度耕地质量总体上升不显著	年度水田耕地质量总体上升不显著	年度旱地耕地质量总体上升不显著	年度本地力等级耕地质量总体上升不显著	年度本地力等级耕地质量总体上升不显著	年度本地力等级耕地质量总体上升不显著	年度本地力等级耕地质量总体上升不显著	年度本地力等级耕地质量总体上升不显著	年度本地力等级耕地质量总体上升不显著	年度本地力等级耕地质量总体上升不显著	年度本地力等级耕地质量总体上升不显著	年度本地力等级耕地质量总体上升不显著	年度本地力等级耕地质量总体上升不显著
	面积/亩	1 147 157.9	358 580.7	788 577.2	13 834.5	29 851.9	84 106.6	119 670.1	166 345.1	254 361.6	177 694.7	149 723.3	120 773.4	30 796.7
柳江区	样本量	4 784	1 483	3 301	217	253	399	538	527	588	479	666	709	408
	差值和	0.158 257 863	0	0.158 257 863	0	0	0	0.003 268 236	0.038 329 168	0.012 903 365	0.023 779 165	0.049 955 358	0.011 363 816	0.018 658 755
	平方和总和	0.001 541 766	0	0.001 541 766	0	0	0	1.07E-05	0.000 550 95	8.84E-05	0.000 298 782	0.000 405 904	8.91E-05	9.79E-05
	sd	0.000 008 19	0	0.000 011 9	0	0	0	0.000 006 07	0.000 044 5	0.000 016	0.000 036 1	0.000 030 1	0.000 013 3	0.000 024 2
	差值平均	0.000 033 1	0	0.000 047 9	0	0	0	0.000 006 07	0.000 072 7	0.000 021 9	0.000 049 6	0.000 075	0.000 016	0.000 045 7
	T值	1.04		1.04				1	1.64	1.37	1.38	1.49	1.2	1.29
	差异显著性评价	不显著	不显著	不显著	不显著	不显著	不显著	不显著	不显著	不显著	不显著	不显著	不显著	不显著
	结论	年度耕地质量总体上升不显著	年度水田耕地质量总体上升不显著	年度旱地耕地质量总体上升不显著	年度本地力等级耕地质量总体上升不显著	年度本地力等级耕地质量总体上升不显著	年度本地力等级耕地质量总体上升不显著	年度本地力等级耕地质量总体上升不显著	年度本地力等级耕地质量总体上升不显著	年度本地力等级耕地质量总体上升不显著	年度本地力等级耕地质量总体上升不显著	年度本地力等级耕地质量总体上升不显著	年度本地力等级耕地质量总体上升不显著	年度本地力等级耕地质量总体上升不显著
	面积/亩	1 288 680.2	344 238.3	944 441.8	53 730.0	57 797.8	119 591.7	138 143.2	153 512.4	121 784.6	121 525.9	186 581.0	236 229.1	99 784.6

表3-10(续)

地力等级		总体	水田	旱地	1级	2级	3级	4级	5级	6级	7级	8级	9级	10级
融安县	样本量	9 888	6 605	3 283	375	877	1 652	2 093	1 642	1 350	906	502	302	189
	差值和	5.943 280 104	2.543 361 249	3.399 918 855	0.089 589 361	0.199 065 586	0.815 830 89	0.579 432 974	0.655 298 698	1.175 192 311	0.667 589 931	1.074 993 804	0.595 548 014	0.090 738 535
	平方总和	0.263 404 787	0.127 177 596	0.136 227 191	0.003 302 687	0.006 603 43	0.034 084 872	0.023 543 543	0.023 365 861	0.051 969 255	0.020 777 694	0.078 438 627	0.020 199 21	0.001 119 608
	sd	0	0	0	0	0	0	0	0	0	0	0	0	0
	差值平均	0.000 601 06	0.000 385 066	0.001 035 613	0.000 238 905	0.000 226 985	0.000 493 844	0.000 276 843	0.000 399 086	0.000 870 513	0.000 736 854	0.002 141 422	0.001 972 013	0.000 480 098
	T值	1.46	0.9	1.17	0.39	0.62	1.11	0.95	1.08	1.3	1.17	0.97	1.08	0.69
	差异显著性评价	不显著	不显著	不显著	不显著	不显著	不显著	不显著	不显著	不显著	不显著	不显著	不显著	不显著
	结论	上升不显著	上升不显著	上升不显著	上升不显著	上升不显著	上升不显著	上升不显著	上升不显著	上升不显著	上升不显著	上升不显著	上升不显著	上升不显著
	面积/亩	402 836.4	264 278.9	138 557.5	13 157.1	32 932.6	60 429.7	85 097.6	64 249.3	64 115.8	36 229.6	22 869.2	14 015.1	9 740.4
三江侗族自治县	样本量	7 441	7 215	226	146	405	689	1 015	1 311	1 245	1 064	783	509	274
	差值和	4.771 5	4.641 9	0.126 4	0.109 3	0.262 4	0.486 8	0.596 4	0.794 6	0.847 6	0.663 1	0.53	0.317 9	0.160 2
	平方总和	0.029 7	0.028 4	0.001 2	0.000 3	0.001 4	0.002 8	0.008 8	0.003 4	0.003 3	0.003	0.003 1	0.002 8	0.000 8
	sd	0.000 022	0.000 022	0.000 152	0.000 106	0.000 085	0.000 072	0.000 091	0.000 041	0.000 042	0.000 048	0.000 067	0.000 1	0.000 097
	差值平均	0.000 641	0.000 643	0.000 559	0.000 749	0.000 648	0.000 707	0.000 588	0.000 606	0.000 681	0.000 623	0.000 677	0.000 625	0.000 585
	T值	1.24	1.1	1.09	1.06	1.08	1.06	1.37	1.33	1.27	1.27	1.13	1.24	1.45
	差异显著性评价	不显著	不显著	不显著	不显著	不显著	不显著	不显著	不显著	不显著	不显著	不显著	不显著	不显著
	结论	上升不显著	上升不显著	上升不显著	上升不显著	上升不显著	上升不显著	上升不显著	上升不显著	上升不显著	上升不显著	上升不显著	上升不显著	上升不显著
	面积/亩	309 007.6	275 139.76	33 867.85	6 079.84	14 193.58	26 778.51	40 132.5	57 762.94	57 508.57	44 377.16	31 197.05	20 935.15	10 042.32

表3-10（续）

地力等级		总体	水田	旱地	1级	2级	3级	4级	5级	6级	7级	8级	9级	10级
	样本量	1 346	1 106	240	92	149	223	227	202	151	123	78	38	63
	差值总和	1.161 01	0.872 927	0.288 083	0.017 897	0.197 968	0.168 166	0.101 117	0.208 587	0.219 591	0.176 19	0.025 226	0.010 882	0.071 18
	平方总和	0.043 188	0.028 336	0.014 852	0.002 328	0.005 086	0.004 237	0.005 223	0.006 874	0.007 313	0.007 669	0.002 709	0.000 312	0.001 436
	sd	0.000 153	0.000 15	0.000 503	0.000 527	0.000 468	0.000 288	0.000 318	0.000 405	0.000 556	0.000 703	0.000 671	0.000 469	0.000 589
	差值平均	0.000 863	0.000 789	0.001 2	0.000 195	0.001 329	0.000 754	0.000 445	0.001 033	0.001 454	0.001 432	0.000 323	0.000 286	0.001 13
	T值	1.32	1.35	1.39	0.37	1.24	1.33	1.4	1.35	1.26	1.04	0.48	0.61	1.32
融水苗族自治县	差异显著性评价	不显著	不显著	不显著	不显著	不显著	不显著	不显著	不显著	不显著	不显著	不显著	不显著	不显著
	结论	年度耕地质量总体上升不显著者	年度水田耕地质量总体上升不显著者	年度旱地耕地质量总体上升不显著者	年度本地力等级耕地质量总体下降不显著者	年度本地力等级耕地质量总体上升不显著者	年度本地力等级耕地质量总体上升不显著者	年度本地力等级耕地质量总体上升不显著者	年度本地力等级耕地质量总体上升不显著者	年度本地力等级耕地质量总体上升不显著者	年度本地力等级耕地质量总体上升不显著者	年度本地力等级耕地质量总体上升不显著者	年度本地力等级耕地质量总体上升不显著者	年度本地力等级耕地质量总体上升不显著者
合计	面积/亩	831 500.4	639 352.8	192 147.6	66 220.16	83 179.46	116 659.6	128 595.3	109 039.2	117 329.1	97 695.73	61 228.38	14 825.2	36 728.28
	面积/亩	5 234 765.9	2 374 437.2	2 860 754.7	233 343.6	326 358.1	530 890.7	672 805.7	742 422.5	825 707.5	642 225.6	589 683.4	463 519.8	205 825.7
	比例/%	100	45.36	54.65	4.5	6.2	10.1	12.9	14.2	15.8	12.3	11.3	8.9	3.9
	2018年加权地力等级							5.633						
	2019年加权地力等级							5.618						
	等级变化							提升0.016个等级						

数据来源：《2019年柳州市耕地等级变化评价报告》。

二、生态环境现状诊断

（一）石漠化

石漠化是指因水土流失而导致地表土壤损失，基岩裸露，植被逆向演替，土地丧失农业利用价值和生态环境退化的现象。柳江流域（柳州）属于典型的喀斯特地貌地区，地势总体呈北高南低，两极差异较为明显。北部地区以岩溶山地和丘陵山地为主，地形坡度总体较大（见表3-11），地表常见裸岩，土地瘠薄，垦殖率低，质量总体较差，且该区域属于全区地质灾害高易发区，极易造成水土流失、滑坡泥石流等地质灾害。

表3-11　柳江流域（柳州）各区县的坡度占比情况

区县	坡度/度	面积/平方千米	占各区县总面积的比重/%
城中区	≤2	23.612 3	27.71
	2~6	26.204 9	30.76
	6~15	28.821 4	33.83
	15~25	6.362 35	7.47
	>25	0.198 823	0.23
鱼峰区	≤2	151.75	32.73
	2~6	129.386	27.90
	6~15	147.583	31.83
	15~25	30.006 4	6.47
	>25	4.970 5	1.07
柳南区	≤2	65.890 1	40.18
	2~6	42.723 2	26.05
	6~15	41.991 5	25.61
	15~25	11.706 7	7.14
	>25	1.678 1	1.02
柳北区	≤2	145.96	46.74
	2~6	92.421 1	29.59
	6~15	68.268	21.86
	15~25	4.978 54	1.59
	>25	0.668 0	0.21
柳江区	≤2	377.12	25.38
	2~6	258.916	17.42
	6~15	447.87	30.14
	15~25	287.602	19.35
	>25	114.642	7.71

表3-11（续）

区县	坡度/度	面积/平方千米	占各区县总面积的比重/%
柳城县	≤2	675.809	31.78
	2~6	488.962	22.99
	6~15	554.121	26.06
	15~25	273.708	12.87
	>25	134.047	6.30
鹿寨县	≤2	434.93	14.54
	2~6	797.624	26.66
	6~15	1 082.11	36.17
	15~25	500.375	16.72
	>25	176.762	5.91
融安县	≤2	223.04	7.65
	2~6	501.687	17.20
	6~15	1 225.56	42.02
	15~25	768.294	26.34
	>25	198.195	6.80
融水苗族自治县	≤2	216.749	4.69
	2~6	403.747	8.74
	6~15	1 442.55	31.21
	15~25	1 833.71	39.67
	>25	725.386 9	15.69
三江侗族自治县	≤2	44.679 6	1.86
	2~6	218.38	9.09
	6~15	965.638	40.18
	15~25	1 005.51	41.84
	>25	168.849	7.03

数据来源：柳州市DEMALOS 12.5米高程DEM数据分析。

导致石漠化加剧的主要因素是人类活动，长期以来自然植被不断遭到破坏，大面积的陡坡开荒，造成地表裸露，加上喀斯特石质山区土层薄，基岩出露，暴雨冲刷力强，水土大量流失后岩石逐渐凸现裸露，从而呈现出石漠化现象。

2017年广西壮族自治区《柳州市岩溶地区第三次石漠化监测报告》显示，柳州市通过林草措施、封山管护、封山育林（草）、人工造林、工程措施、其他工程措施等多种措施对石漠化区域进行综合治理，石漠化土地顺向演替。石漠化土地逆向演替的主要原因是毁林（草）开垦、不合理的经营方式等人为破坏因素；因此，针对当前石漠化问题需采取科学、合理的经营方式，减少人为因素对植被的破坏，有效解决石漠化土地逆向演替问题（见表3-12）。

表3-12　柳江流域（柳州）柳州市及各其各区县的石漠化变化原因

单位：平方千米

区域	变化原因	合计	石漠化					潜在石漠化	非石漠化
			小计	轻度石漠化	中度石漠化	重度石漠化	极重度石漠化		
柳州市	合计	339.749 4	47.589 4	12.889 1	29.101 5	4.072 9	1.525 9	201.690 8	90.469 2
	人为因素	5.731 1	5.731 1	2.224 0	3.132 7	0.350 2	0.024 2		
	过牧	0.108 2	0.108 2	0.108 2					
	过度樵采	0.451 4	0.451 4	0.218 4	0.186 4	0.032 8	0.013 8		
	火烧	0.269 7	0.269 7			0.259 3	0.010 4		
	其他人为因素	4.901 8	4.901 8	1.897 4	2.946 3	0.058 1			
	灾害因素	3.382 8	3.382 8		3.174 5	0.208 3			
	灾害性气候	0.264 4	0.264 4		0.264 4				
	其他灾害因素	3.118 4	3.118 4		2.910 1	0.208 3			
	工程建设	10.518 0							10.518 0
	其他工程建设	10.518 0							10.518 0
	自然演变因素	2.025 9	1.646 6	0.977 6	0.435 4	0.233 6		0.379 3	
	自然修复	2.025 9	1.646 6	0.977 6	0.435 4	0.233 6		0.379 3	
	其他因素	116.624 1	22.162 6	5.306 6	13.079 0	2.275 3	1.501 7	14.510 3	79.951 2
	前期误判	52.427 7	7.632 8	1.814 0	4.720 8	0.536 6	0.561 4	4.758 8	40.036 1
	技术因素	64.196 4	14.529 8	3.492 6	8.358 2	1.738 7	0.940 3	9.751 5	39.915 1
	治理因素	201.467 5	14.666 3	4.380 9	9.279 9	1.005 5		186.801 2	
	封山管护	84.905 7	2.591 3	0.296 5	1.371 2	0.923 6		82.314 4	
	封山育林（草）	4.568 3	1.603 8	1.259 4	0.262 5	0.081 9		2.964 5	
	人工造林	111.993 5	10.471 2	2.825 0	7.646 2			101.522 3	
城中区	合计	1.226 9	0.548 1	0.032 6	0.515 5			0.074 1	0.604 7
	工程建设	0.228 5							0.228 5
	其他工程建设	0.228 5							0.228 5
	其他因素	0.482 9		0.032 6				0.074 1	0.376 2
	前期误判	0.032 6	0.032 6	0.032 6					
	技术因素	0.450 3						0.074 1	0.376 2
	治理因素	0.515 5	0.515 5		0.515 5				
	封山管护	0.467 3	0.467 3		0.467 3				
	人工造林	0.048 2	0.048 2		0.048 2				
鱼峰区	合计	3.156 1	1.259 1	0.996 1	0.118 7	0.144 3		0.604 8	1.292 2
	工程建设	1.118 1							1.118 1
	其他工程建设	1.118 1							1.118 1
	自然演变因素	1.415 2	1.107 9	0.977 6	0.118 7	0.011 6		0.307 3	
	自然修复	1.415 2	1.107 9	0.977 6	0.118 7	0.011 6		0.307 3	
	其他因素	0.208 4						0.034 3	0.174 1
	前期误判	0.034 3						0.034 3	
	技术因素	0.174 1							0.174 1
	治理因素	0.414 4	0.151 2	0.018 5		0.132 7		0.263 2	
	封山管护	0.414 4	0.151 2	0.018 5		0.132 7		0.263 2	

表3-12（续）

区域	变化原因	合计	石漠化					潜在石漠化	非石漠化
			小计	轻度石漠化	中度石漠化	重度石漠化	极重度石漠化		
柳南区	合计	2.476 1						0.218 8	2.257 3
	工程建设	1.603 8							1.603 8
	其他工程建设	1.603 8							1.603 8
	其他因素	0.690 0						0.036 5	0.653 5
	前期误判	0.321 9							0.321 9
	技术因素	0.368 1						0.036 5	0.331 6
	治理因素	0.182 3						0.182 3	
	封山管护	0.038 1						0.038 1	
	封山育林（草）	0.095 8						0.095 8	
	人工造林	0.048 4						0.048 4	
柳北区	合计	0.688 0	0.368 0	0.321 9	0.046 1			0.016 7	0.303 3
	工程建设	0.174 0							0.174 0
	其他工程建设	0.174 0							0.174 0
	自然演变因素	0.046 1	0.046 1		0.046 1				
	自然修复	0.046 1	0.046 1		0.046 1				
	其他因素	0.129 3							0.129 3
	技术因素	0.129 3							0.129 3
	治理因素	0.338 6	0.321 9	0.321 9				0.016 7	
	人工造林	0.338 6	0.321 9	0.321 9				0.016 7	
柳江区	合计	130.573 7	13.406 5	3.655 7	8.018 5	0.914 9	0.817 4	70.298 9	46.868 3
	人为因素	0.305 9	0.305 9			0.292 1	0.013 8		
	过度樵采	0.046 6	0.046 6			0.032 8	0.013 8		
	火烧	0.259 3	0.259 3		0.259 3				
	灾害因素	2.847 7	2.847 7		2.847 7				
	灾害性气候	0.264 4	0.264 4		0.264 4				
	其他灾害因素	2.583 3	2.583 3		2.583 3				
	工程建设	3.481 9							3.481 9
	其他工程建设	3.481 9							3.481 9
	自然演变因素	0.034 2	0.013 6		0.013 6			0.020 6	
	自然修复	0.034 2	0.013 6		0.013 6			0.020 6	
	其他因素	49.614 9	5.119 5	1.561 0	2.214 0	0.540 9	0.803 6	1.109 0	43.386 4
	前期误判	35.203 5	2.950 5	0.565 6	1.775 2	0.298 8	0.310 9	0.218 1	32.034 9
	技术因素	14.411 4	2.169 0	0.995 4	0.438 8	0.242 1	0.492 7	0.890 9	11.351 5
	治理因素	74.289 1	5.119 8	2.094 7	2.943 2	0.081 9		69.169 3	
	封山管护	0.404 7						0.404 7	
	封山育林（草）	3.956 7	1.415 7	1.259 4	0.074 4	0.081 9		2.541 0	
	人工造林	69.927 7	3.704 1	0.835 3	2.868 8			66.223 6	

表3-12（续）

区域	变化原因	合计	石漠化					潜在石漠化	非石漠化
			小计	轻度石漠化	中度石漠化	重度石漠化	极重度石漠化		
柳城县	合计	60.974 7	5.429 9	2.121 6	2.617 3	0.509 0	0.182 0	33.121 7	22.423 1
	人为因素	0.203 1	0.203 1	0.108 2	0.084 5		0.010 4		
	过牧	0.108 2	0.108 2	0.108 2					
	火烧	0.010 4	0.010 4				0.010 4		
	其他人为因素	0.084 5	0.084 5		0.084 5				
	灾害因素	0.208 3	0.208 3			0.208 3			
	其他灾害因素	0.208 3	0.208 3			0.208 3			
	工程建设	0.771 3							0.771 3
	其他工程建设	0.771 3							0.771 3
	自然演变因素	0.013 9						0.013 9	
	自然修复	0.013 9						0.013 9	
	其他因素	34.032 4	3.608 3	1.257 3	1.878 7	0.300 7	0.171 6	8.772 3	21.651 8
	前期误判	11.501 6	1.777 6	0.850 8	0.829 3	0.097 5		3.600 0	6.124 0
	技术因素	22.530 8	1.830 7	0.406 5	1.049 4	0.203 2	0.171 6	5.172 3	15.527 8
	治理因素	25.745 7	1.410 2	0.756 1	0.654 1			24.335 5	
	封山管护	16.438 0	0.273 2	0.083 0	0.190 2			16.164 8	
	封山育林（草）	0.515 8	0.188 1		0.188 1			0.327 7	
	人工造林	8.791 9	0.948 9	0.673 1	0.275 8			7.843 0	
鹿寨县	合计	40.289 7	8.196 7	1.175 9	6.273 0	0.318 1	0.429 7	27.253 6	4.839 4
	人为因素	0.102 2	0.102 2		0.044 1	0.058 1			
	其他人为因素	0.102 2	0.102 2		0.044 1	0.058 1			
	灾害因素	0.326 8	0.326 8		0.326 8				
	其他灾害因素	0.326 8	0.326 8		0.326 8				
	工程建设	1.220 9							1.220 9
	其他工程建设	1.220 9							1.220 9
	自然演变因素	0.294 5	0.257 0		0.257 0			0.037 5	
	自然修复	0.294 5	0.257 0		0.257 0			0.037 5	
	其他因素	7.957 5	3.692 5	0.116 8	2.886 0	0.260 0	0.429 7	0.646 5	3.618 5
	前期误判	2.085 3	1.052 4	0.116 8	0.544 8	0.140 3	0.250 5	0.096 7	0.936 2
	技术因素	5.872 2	2.640 1		2.341 2	0.119 7	0.179 2	0.549 8	2.682 3
	治理因素	30.387 8	3.818 2	1.059 1	2.759 1			26.569 6	
	封山管护	14.994 3	0.346 3	0.064 4	0.281 9			14.648 0	
	人工造林	15.393 5	3.471 9	0.994 7	2.477 2			11.921 6	
融安县	合计	96.640 9	18.027 8	4.585 3	11.350 3	2.050 0	0.042 2	68.461 2	10.151 9
	人为因素	5.119 9	5.119 9	2.115 8	3.004 1				
	过度樵采	0.404 8	0.404 8	0.218 4	0.186 4				
	其他人为因素	4.715 1	4.715 1	1.897 4	2.817 7				
	工程建设	1.061 2							1.061 2
	其他工程建设	1.061 2							1.061 2
	自然演变因素	0.097 3	0.097 3		0.097 3				
	自然修复	0.097 3	0.097 3		0.097 3				
	其他因素	22.401 9	9.481 1	2.338 9	5.938 2	1.161 8	0.042 2	3.830 1	9.090 7
	前期误判	3.248 5	1.819 7	0.248 2	1.571 5			0.809 7	0.619 1
	技术因素	19.153 4	7.661 4	2.090 7	4.366 7	1.161 8	0.042 2	3.020 4	8.471 6
	治理因素	67.960 6	3.329 5	0.130 6	2.408 0	0.790 9		64.631 1	
	封山管护	51.176 5	1.353 3	0.130 6	0.431 8	0.790 9		49.823 2	
	人工造林	16.784 1	1.976 2		1.976 2			14.807 9	

表3-12(续)

区域	变化原因	合计	石漠化					潜在石漠化	非石漠化
			小计	轻度石漠化	中度石漠化	重度石漠化	极重度石漠化		
融水苗族自治县	合计	3.723 3	0.353 3		0.162 1	0.136 6	0.054 6	1.641 0	1.729 0
	工程建设	0.858 3							0.858 3
	其他工程建设	0.858 3							0.858 3
	自然演变因素	0.124 7	0.124 7			0.124 7			
	自然修复	0.124 7	0.124 7			0.124 7			
	其他因素	1.106 8	0.228 6		0.162 1	0.011 9	0.054 6	0.007 5	0.870 7
	技术因素	1.106 8	0.228 6		0.162 1	0.011 9	0.054 6	0.007 5	0.870 7
	治理因素	1.633 5						1.633 5	
	封山管护	0.972 4						0.972 4	
	人工造林	0.661 1						0.661 1	

资料来源：2017年广西壮族自治区《柳州市岩溶地区第三次石漠化监测报告》。

(二)矿山生态

柳江流域（柳州）目前存在的弃废矿山生态环境问题集中在：土地资源的占用与破坏、地形地貌景观和生态环境的影响与破坏、固体废弃物排放、矿山地质灾害隐患、矿山含水层破坏、矿山"三废"对环境的污染情况六个方面。根据《柳州市废弃矿山生态修复方案（2021—2025年）》，将柳江流域（柳州）矿山生态环境影响现状评估划分为严重区（A）、较严重区（B）、一般区（C），其中矿山生态环境影响严重区（A）5个，矿山生态环境影响较严重区（B）6个，矿山生态环境影响一般区（C）5个（见表3-13）。对已调查的501座废弃矿山中有353座区位重要性较弱，自然修复条件好，可自然恢复；有62座自然修复条件好，已自然恢复；有85座地质环境问题较严重，拟采取工程措施进行生态修复。首先，历史遗留问题多，生态修复难度大，资金缺口大。根据《广西地质灾害防治工程估算标准》和《土地开发整理项目预算定额标准》，经初步估算，柳州市历史遗留矿山生态修复总投资为8.026 3亿元。其次，废弃矿山生态修复基础支撑能力有待提高。其缺乏对流域中一些重要功能区、主要矿产资源集中开发区等局域性高精度废弃矿山生态环境特征，废弃矿山生态环境的动态监测尚未开展，废弃矿山生态修复多停留在矿山地质环境综合治理阶段，生态修复技术、新方法的应用较少。

表 3-13 柳州市废弃矿山生态环境影响现状评估分区说明

分区代号	分区名称	分区面积/平方千米	分布位置	分布废弃矿山	废弃矿山生态环境问题特征
A1	融水县九毛—六秀锡铜多金属矿区矿山生态环境问题严重区	94.57	融水县安太乡元宝山东侧六秀—九毛—大坡岭	矿山19处（生产8处，废弃11处）	开采矿种有锡、铜、锌、铜、铁和高岭土等，金属矿以井工开采为主，高岭土为露天开采。区内矿山生态环境问题突出，破坏地下水含水层，废水废渣乱排放，容易引发地质灾害及水体污染
A2	融安县泗顶—古丹铅锌矿区矿山生态环境问题严重区	131.72	融安县泗顶镇泗顶村—板桥乡板桥、古丹村	矿山24处（生产3处，废弃21处）	开采矿种有铁、铅锌和重晶石矿，铅锌矿为井工开采，铁矿、重晶石主要为露天开采。区内矿山生态环境问题近50年，历史上呈大规模的地面塌陷，造成0.091平方米的农田、旱地受破坏而荒废，因塌陷而造成矿区内河流改道，损失超过300万元；水废渣乱排放，地质灾害及水体污染较为普遍
A3	柳城—柳州市—柳江—鹿寨采石场、页岩矿矿山生态环境问题严重区	1 166.78	柳城大埔、沙埔镇—柳州市区（包括柳江拉堡、进德、成团）—鹿寨县城周边	矿山237处（生产45处，废弃192处）	开采矿种有灰岩、白云岩、页岩、粘土矿，石英砂和锰矿等，均为露天开采。矿山生态环境问题主要是矿山密度大，对土地资源及地形地貌破坏严重，影响城市市容市貌，采石场矿山存在大量危岩，页岩黏土矿存在边坡，威胁着矿山及居民安全
A4	柳江县思荣采锰矿—穿山采石场矿山生态环境问题严重区	66.84	柳江穿山镇南部	矿山4处（废弃4处）	开采矿种有锰矿、灰岩和页岩，均为露天开采矿山。占用矿山生态环境问题主要是锰矿的开采大量破坏耕地，大量占用土地，尾矿库星罗棋布，公路两侧局部分布有采石场，影响地形地貌景观

表3-13（续）

分区代号	分区名称	分区面积/平方千米	分布位置	分布废弃矿山	废弃矿矿山生态环境问题特征
A5	鹿寨县响水—中渡铁矿、采石场矿山生态环境问题严重区	108.57	鹿寨县中渡镇南部、平山镇东部和鹿寨镇北部大村	矿山17处（生产5处，废弃12处）	开采矿种有铁矿、灰岩和砖瓦用页岩，均为露天开采矿山。矿山生态环境主要问题是分布有数个铁矿，占用土地资源，采破坏大量耕地，尾矿车星罗棋布，采石场及页岩矿影响地形地貌景观
B1	三江老堡—斗江铅锌矿、锰矿矿山生态环境问题较严重区	196.55	三江县中部老堡—程村—古宜—斗江	矿山22处（生产7处，废弃15处）	开采矿种有铅锌矿、锰矿等，其中铅锌矿、锰矿为井工开采，灰岩和砖瓦用页岩、其余为露天开采矿山。矿山生态环境问题主要是破坏地下水含水层，废水为水体污染；破坏土地资源及地形地貌景观，采石场和矿山安全，威胁着矿山存在边坡、采石场存在大量危岩，影响较严重
B2	融水—融安—丹洲采石场、重晶石矿山生态环境较严重区	458.43	融水东南部、融安西部至三江丹洲镇（融水县城周边及国道G209沿线）	矿山69处（生产31处，废弃38处）	开采矿种有灰岩、辉绿岩、锰、铁和蛇纹岩、重晶石（黏土）岩，其中重晶石主要为井工开采，矿山生态环境主要是：井工开采为露天开采矿山破坏地下水含水层，废水废渣乱排乱放，容易引发地质灾害及水体污染，并已有1处矿山发生地面塌陷；露天开采破坏土地资源及地形地貌景观，采石场存在大量危岩，页岩粘土矿存在边坡，威胁着矿山安全，影响较严重

表3-13（续）

分区代号	分区名称	分区面积/平方千米	分布位置	分布废弃矿山	废弃矿山生态环境问题特征
B3	融安县沙坑一亚新铁矿、东起一潭头矿，东苑矿山生态环境问题较严重区	139.56	融安县南部沙子乡一东起一潭头东部	矿山19处（生产2处，废弃17处）	开采矿种有铁矿、方解石、灰岩、砖瓦用页岩（粘土）等，方解石为井工开采，其余为露天开采。矿山生态环境问题主要是：铁矿库、尾矿场星罗棋布，废水废渣乱排放，占用大量土地，废水废渣及水体污染；矿山对土地资源乱排及地形容易引发地质灾害危及地貌景观的破坏，采石场粘土存在不稳定边坡发育
B4	柳城县洛崖一六塘采石场，页岩矿矿山生态环境问题较严重区	316.05	柳城县西部洛崖一寨隆六塘	矿山49处（生产17处，废弃32处）	开采矿种有灰岩、白云岩、页岩、粘土矿、石英砂、大理岩和方解石等，均为露天开采矿山。主要矿山生态环境问题是矿山密度大，对土地资源及地形地貌景观的破坏，采石场存在大量危岩，矿山安全、影响较严重
B5	柳城凤山一柳江洛满采石场，页岩矿矿山生态环境问题较严重区	86.33	柳城县南部凤山一杜冲镇一柳江县洛满镇北部	矿山15处（生产4处，废弃11处）	开采矿种为灰岩、白云岩、页岩和锰矿，均为露天开采矿山。主要矿山生态环境问题是锰矿及锰矿采石场是采石场对土地资源及地形地貌景观的破坏，采石场存在大量危岩，威胁着矿山安全、影响较严重
B6	柳江县里高采石场矿山生态环境较严重区	49.26	柳江县里高镇（国道G323道路两侧）	矿山9处（生产3处，闭坑6处）	开采矿种为石灰岩、铅锌矿，均为露天开采矿山。主要矿山生态环境问题是采石场对土地资源及地形地貌景观的破坏，威胁着矿山安全、影响较严重
C1	三江斗江一和平采石场矿山生态环境问题一般区	70.44	三江县斗江一和平	矿山4处（生产1处，废弃3处）	开采矿种为石灰岩、铅锌矿。主要矿山以露天开采，除牛浪坡铅锌矿为井工开采外是露天采矿。主要矿山生态环境问题是地形地貌景观的破坏，废渣乱堆乱排，铅锌矿于开采对地下水有一定影响，影响较轻

表3-13（续）

分区代号	分区名称	分区面积/平方千米	分布位置	分布废弃矿山	废弃矿山生态环境问题特征
C2	柳江县土博—福塘采石场矿山生态环境问题一般区	96.54	柳江县土博三都北部—福塘南部—成团西部	矿山6处（废弃6处）	开采矿种为方解石、石英砂和灰岩矿，均为露天开采。主要矿山生态环境问题是露天采场及堆场对土地资源及地形地貌景观的破坏，影响较轻
C3	柳江县百朋采石场矿山生态环境问题一般区	23.86	柳江百朋镇	矿山6处（废弃6处）	开采矿种为方解石、白云岩和灰岩矿，均为露天开采。主要矿山生态环境问题是露天采场及堆场对土地资源及地形地貌景观的破坏，影响较轻
C4	柳城东泉—鹿寨平山采石场矿山生态环境问题一般区	68.4	柳城东泉西部—鹿寨平山南部	矿山8处（生产2处，废弃6处）	开采矿种为灰岩、白云岩和页岩矿，均为露天开采。主要矿山生态环境问题是露天采场及堆场对土地资源及地形地貌景观的破坏，影响较轻
C5	鹿寨龙江—寨沙采石场矿山生态环境问题一般区	100.75	鹿寨龙江—寨沙	矿山5处（生产4处，废弃1处）	开采矿种为砖瓦用页岩、灰岩及金矿，建材类矿山为露天开采，龙江金矿为井工开采。主要矿山生态环境问题是露天采场及堆场对土地资源及地形地貌景观的破坏，影响较轻

（三）水土流失

在全国降水分布图上，柳江流域地处湘、粤多雨片的边缘，降水丰富，因受锋面雨和台风天气系统影响，降雨集中，并常有暴雨，降雨强度大，来势汹汹。同时，降水量随季节变化很大，春夏多，秋冬少（见表3-14），北部多于南部，山区多于平原，降雨年内分配不均匀，4月到8月为雨季，雨量占全年雨量的70.3%。柳江是珠江流域暴雨区之一，各县区经常受到洪水威胁；9月到次年3月是少雨季节，雨量仅占29.7%。北部山区由于降雨量大加上山高坡陡，易发生地质灾害，研究表明，降雨特别是强度较大的暴雨造成的土壤流失较严重。该区域降雨量较大，特别是暴雨发生的频率较大，而暴雨一般具有很强的降雨侵蚀力，使其土壤流失发生的频率显著增加。流域应以生态修复和水土保持为主，并加强防洪及农田水利设施的建设。

表3-14　柳江流域各季降水量及占全年百分比

季节	春	夏	秋	冬
月份	3—5月	6—8月	9—11月	12—2月
降水量/毫米	446.4	554.0	198.0	130.2
占全年百分比/%	33.6	41.7	14.9	9.8

数据来源：2020年《柳州市统计年鉴》。

造成水土流失还有一个重要的因素即人为因素，主要是人为不合理地开发利用土地资源。①流域中融水苗族自治县、融安县、三江侗族自治县水土流失较为严重，也是柳州流域（柳州）主要的少数民族聚居区，当地经济发展较为落后，群众生活以粗放开发当地自然资源为主，尤其是开矿建厂、区道路和房屋建设扰动地表或岩石层，堆置废弃物等而造成水土资源破坏及损失的是一种典型的人为加速侵蚀，容易出现自然资源的人为破坏现象，同时坡耕地多，水土流失严重。②流域中柳城县、柳江区、柳州市主城区属于开发区域，人类活动相对频繁，区内自然植被条件相对较差，存在一定量坡耕地，陡坡开荒、滥垦乱伐、破坏植被，且经常受强降雨影响，水土流失严重。③流域中部分区县为加快林业生态建设，缺乏生物多样性生态意识，片面追求经济效益，导致木材采伐量和植树造林面积不成正比，降低了森林涵养水源的能力，从而加重沟谷的冲蚀和水土流失。2014—2019年柳州市木材采伐量与植树造林面积如图3-5所示。

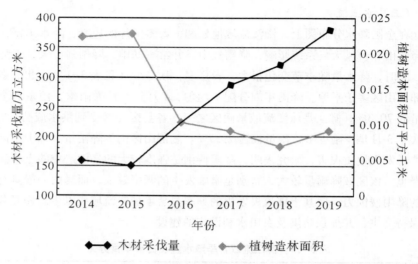

图 3-5　2014—2019 年柳州市木材采伐量与植树造林面积统计

（数据来源：2015—2020 年《柳州市统计年鉴》）

柳州市大部分区域属于喀斯特地貌，石漠化现象较为突出，除峰丛地段外，整体地势较为低平，水土流失相对较轻。水土流失主要表现为：采石场、取土场以及锰矿等资源开采型项目或水电等能源开发项目对地表植被破坏较为严重，造成的水土流失情况较为严重。其中，尤以公路建设造成的水土流失为甚。开挖的土石方直接弃于河道，侵占河道，淤填河道，对防洪安全构成了威胁。从现场看，修路挖方形成的坡面没有采取任何防护措施，在雨季极易发生塌方、滑坡等灾害，对公路安全威胁极大，影响严重。

（四）水资源和水生态环境

柳江流域水资源比较丰富，但时空分布不均，极易造成江河水位暴涨暴落，形成洪涝灾害，易出现夏涝秋旱。不同季节降雨量极不均匀，径流集中在4—9 月，占年总径流的 80% 左右，雨量集中在 4—7 月，常出现洪涝灾害，9 月后降雨量逐渐减少，又常出现秋旱。夏涝秋旱的灾害性天气时有出现，尤其是北部山区雨量充沛，是滑坡、崩塌、泥石流等地质灾害多发的地区。全市供水水库大部分位于柳江的二、三级支流上，总集水面积仅为 1 676 平方千米，不到全市流域面积的 1%，这一方面与柳州市主要城镇位于柳江干流或主要支流两岸，抽取水便利有关，另一方面对于远离大江大河的区域，由于现有水利工程调蓄能力较弱，遇到枯水年份用水矛盾较突出。流域现有灌区续建配套建设仍有很多不足，虽已对部分灌区进行渠道防渗等配套建设，但农村水利基础设施建设依然薄弱，不少灌区渠系建筑物老化失修，渗、漏、冒、跑现象还很严重，农业用水浪费严重，水利用率较低，供水保障能力不足，保证率达不到设计灌溉保证率，实灌面积达不到有效灌溉面积；城镇供水管网漏失率达11.98%；工业用水重复利用率仅75%，与节水型社会建设相比有一定差距，节水潜力较大。

柳江干流总体水质较好，但城市内河的新圩江、响水河、莫道江、竹鹅溪、香兰河、交雍沟、官塘冲、浪江水质出现不同程度的超地表水Ⅲ类情况，水质较差。主要成因：一是城市污水处理厂能力不足，管网雨污分流不彻底，管网破损、堵塞导致污水渗漏、地下水渗入；二是农村生活污水处理设施有待建设或扩建改造，早期建设农村污水处理设施普遍存在设施老化和管网漏损问题，部分农家乐集聚区农村污水处理设施终端在旅游旺季超负荷运行；三是农业面源污染范围广、治理难度大；四是船舶码头污水、垃圾、废油等收集转运设施不健全，柳江存在船舶污水垃圾转移意愿不强，基础设施不足的问题。此外，流域中镇级和农村饮用水水源保护区水质存在安全隐患。县级以下监测覆盖率低、区域内整体不平衡，难以满足实行最严格水资源管理制度对监测工作的要求。水源地基本未设立自动监测站，视频监控覆盖非常有限，不能全面监控，不能及时发现各种险情。融江存在重金属突发风险，2015—2019年，三江水厂上游输入断面梅林及其下游断面丹州和大洲的锑浓度仍存在超标，其中梅林断面锑超标51次，丹州断面锑超标7次，大洲断面锑超标5次。其主要原因为，上游河池、贵州独山县以及融水县的泗维河重金属矿山是威胁融江和柳江干流上饮用水源地的主要环境风险源。

（五）森林和生物多样性

柳江流域由于南北地形的差异，林地主要分布于北部三县。当前，森林资源和城市绿化成果保护形势严峻。

1. 生境恶化，生态群落多样性简单化，下游生态系统受到威胁

柳江流域的石漠化问题和岩溶天然森林的减少，加之林区盗伐滥伐、绿地被挤占和毁坏的情况，导致岩溶生态系统多样性正在减少或逐步消失，而且使岩溶植被发生变异以适应环境，造成岩溶山区的森林退化，区域植被种类减少，群落结构趋于简单化。加之不正当的人为开发，使岩溶生态系统生物趋于简单化，珍稀濒危野生植被面临巨大威胁，也造成河流的水流量明显减少。部分水田原为高产良田但因灌溉水源不足而改为旱地，有的区域常因山洪暴发，导致水土严重流失。

2. 人为过度开发利用，生态系统连通性减弱

柳江流域中以自然保护区、森林公园、地质公园、风景名胜区以及大型林地为主，北部、东南部山地地区生物迁移阻力小，生物迁移可选择路径多；而中部及南部等经济发达地区，受交通建设、水利水电开发、输油输气管道等人为开发的影响，土地占用需求压力向林地转移，导致流域中生态廊道较为稀疏且高迁移密度廊道宽度窄，相互连通度低，可达路径曲折，甚至出现部分廊道中部断裂的情形，只能依靠郊区农林用地进行生物功能的承接，未来若干年内生物多样性将处于不稳定的变化状态。

3. 人工林改造技术存在瓶颈，林业后期管护跟不上

柳江流域实施退耕还林和石漠化综合治理工程后一定程度上改善了流域的生态环境，但目前依然没有找到经济效益与桉树相当的合适的替换树种，桉树改造推行难度较大。南方石山地区封山育林面积较大，地形复杂，山势延绵不断，按照《封山育林技术规程》有关要求，封山育林项目围栏建设难度极大；缺少流域的珍稀物种与优势类型的时空分布数据，从而为研究确定物种的空间分布特征、划定生物多样性保护用地和制定生物多样性保护政策带来一定的阻碍。同时，人工造林的后期管理有待加强，特别是后期资金的投入不足问题有待解决。

（六）土地利用

1. 耕地分布不均匀，耕地保护任务艰巨

柳江流域地势总体呈北高南低，造成耕地主要分布于南部平原的融江—柳江和洛清江中下游河谷两岸，北部地区以岩溶山地和丘陵山地为主，中部和东南部地区属于低丘地带，柳江两岸台地为冲积平原，地势总体较为平坦，土地质量较好。耕地保护面临数量与质量双重压力，具体原因如下：

在耕地数量上，随着人口的增长，工业化、城镇化的快速推进，交通、水利、港口码头基础设施建设全面开展，以及受自然灾害的影响，流域的耕地资源受到严重影响。全国第二次土地调查后，柳州市实际通过宜耕未利用地开发产生的新增耕地面积仅为 3.998 6 平方千米，远远低于新增建设占用耕地面积76.694 1 平方千米。可见近年来柳州市耕地占补任务主要依靠全国第二次土地调查后新增的不稳定耕地以及异地占补来完成。灾毁、农业结构调整等其他原因导致耕地数量直接减少。根据耕地占补平衡台账，2006—2016 年全市共29.955 5 平方千米建设占用耕地通过异地挂靠项目落实占补平衡，年均耕地面积减少 2.723 平方千米。全国第二次土地调查后新增加的不稳定耕地以及农民自发开垦形成的耕地作为新增耕地用于占补造成的耕地数量净减少。根据全国

第三次土地调查数据，柳州市符合生态退耕要求的耕地面积为 23.951 5 平方千米，耕地面积将进一步压缩。

在耕地质量上，柳州市每年都发生不同程度的旱灾，一般出现在春、秋两季。春旱出现在 3—5 月，影响春耕春种；秋旱出现在 9—10 月，是影响秋季农作物生产的最主要气候性灾害。干旱除直接影响农作物正常生长以外，还造成土壤有效养分的分解与转化障碍，抑制土壤有机质的腐殖化和矿质化，不利于土壤肥力的发挥，影响耕地质量改良效果。水灾主要发生在 5—7 月，最早发生在 4 月下旬，最迟到 9 月上旬，6 月、7 月最多。水灾对耕地质量的影响主要有两个方面：一是强降雨造成河水漫涨泛滥，冲毁堤岸，淹没农田，并给农田带进大量的沙石，形成沙化农田；二是强降雨造成山洪暴发，地势较低的山坑、田洞和低洼旱地作物被淹，地势较高的耕地表土被冲刷，产生片蚀、沟蚀，表土随雨水流失，耕作层被破坏。耕地质量还受有机质含量不高和农田水利设施不足的影响，无灌溉设施的耕地超过总耕地面积的一半，仅融安县、融水苗族自治县、三江侗族自治县三个县可以基本满足灌溉需求。受有色金属矿产开发影响，各类矿区、选矿厂、冶炼企业、尾矿库周边的土壤都受到一定程度的污染，长期的自然风化淋溶运移造成了重金属组分在下游的耕地中富集。

2. 农村居民人均用地面积过高，"人减地增"问题突出

柳江流域农村旧居民点数量大、布局散，"空心村"较多，农村居民点建新不拆旧问题尚未得到根本缓解，2006—2016 年全市农村人口减少 53.87 万人，农村居民点用地规模不减反增，"人减地增"问题突出。2017 年，柳州市农村居民点用地面积约为 301 平方千米，占城乡建设用地面积的 45.43%（见表 3-15）。根据《柳州市统计年鉴》，2017 年共有农村常住人口 143.97 万人，人均农村居民点用地为 209.14 平方米，高于国家规定的农村居民点人均用地标准 150 平方米的控制上限，其中柳州市区 2017 年人均农村居民点的用地面积达到 280.41 平方米/人，为国家规定上限的 1.87 倍；另有鹿寨县、柳城县的人均农村居民点用地均在 200 平方米以上。根据柳州市土地利用总体规划调整完善方案，到 2020 年农村居民点控制规模指标为 266.7 平方千米，实际用地面积超过土地利用总体规划控制指标幅度达 34.403 7 平方千米，农村居民点综合整治工作任重道远。

表 3-15 柳州市 2017 年农村居民点用地面积统计

名称	村庄用地 /平方千米	常住农村人口 /万人	人均农村用地 /（平方米·人$^{-1}$）
市本级	99.294 7	35.41	280.41
柳城县	53.695 4	21.21	253.16
鹿寨县	49.738 6	18.63	266.98
融安县	30.462 4	16.6	163.78
融水苗族自治县	43.058 6	27.44	156.92
三江侗族自治县	24.854	22.68	109.59
柳州市合计	301.103 7	143.97	209.14

数据来源：广西柳州市自然资源和规划局。

3. 城镇空间利用效率不高，低效用地面积较大

根据柳州市城镇低效用地调查，柳州市共有城镇低效用地 19.666 1 平方千米，其中旧厂矿面积最大，达到 7.668 5 平方千米，占城镇低效用地总量 39.5%，其次为旧村庄和旧城镇，面积分别为 5.869 7 平方千米、5.592 0 平方千米，分别占城镇低效用地总量的 29.85%、28.43%。

从空间分布来看，城镇低效用地主要分布在市本级，面积为 15.662 1 平方千米，占全市低效用地总量的 79.64%（见表 3-16），其次是柳城县和鹿寨县，面积分别为 1.600 8 平方千米、1.486 3 平方千米，分别占全市城镇低效用地总量的 8.14%、7.56%。

表 3-16 柳州市城镇低效用地汇总

行政区域	低效用地面积/平方千米					比例/%
	总量	旧城镇	旧村庄	旧厂矿	其他	
市本级	15.903 1	4.614	5.492 4	5.492 9	0.303 8	79.89
柳城县	1.600 8	0.549 1	0.408 7	0.643	0	8.04
鹿寨县	1.486 3	0	0	1.486 3	0	7.47
融安县	0.314 3	0.090 4	0.045	0.072 6	0.106 3	1.58
融水苗族自治县	0.069 8	0.051 1	0	0.009 2	0.009 5	0.35
三江侗族自治县	0.532 8	0.287 4	0.164 6	0.064 5	0.016 3	2.68
柳州市合计	19.907 1	5.592	6.110 7	7.768 5	0.435 9	100
占比/%	100	28.43	29.85	39.50	2.22	—

数据来源：广西柳州市自然资源和规划局。

4. 矿区土壤质量不容乐观，土壤环境监管网络尚需完善

柳州市的土壤环境质量主要体现在以下两个方面：

一是土壤环境质量不容乐观。柳州市土壤环境质量现状仍存在一些问题，主要表现在以下两个方面：

（1）工矿业废弃地土壤环境问题突出，导致局部地区土壤重金属污染较重。有色金属成矿带是导致局部地区土壤重金属背景值偏高的天然原因；有色金属采选冶炼等人为活动，导致各类矿区、选矿厂、冶炼企业、尾矿库周边的土壤都受到一定程度的污染；

（2）耕地土壤环境质量受天然背景值影响较大，由于柳州市存在部分重金属矿山，长期的自然风化淋溶运移造成了重金属组分在下游的耕地中富集，威胁农产品质量与食品安全。

二是土壤环境监管网络尚不完善。柳州市土壤环境质量监测网络尚未建成，部分市级和大部分县级环保部门尚未成立土壤环境管理机构，专职管理人员匮乏；县级环境监测机构土壤环境监测仪器设备、专业监测人员匮乏，虽然通过能力建设项目为各市、县环保部门配备了重金属监测设备，但土壤有机物监测能力有限，设备操作人员严重缺乏；尚未引入第三方监测机制，难以支撑柳州市土壤环境污染防治各项工作的顺利开展。

第四章　柳江流域生态环境保护修复单元

　　根据《山水林田湖草生态保护修复工作指南（试行）》要求，当地政府要秉承"山水林田湖草是生命共同体"理念，以习近平总书记生态文明思想为指导，牢固树立"山水林田湖草是生命共同体"理念，坚持尊重自然、顺应自然、保护自然，坚持以保护优先、自然恢复为主，坚持宜林则林、宜草则草、宜荒则荒，统筹推进山水林田湖草综合治理、系统治理、源头治理。

　　结合柳江流域生态系统功能结构特点，综合考虑地理单元的完整性、生态系统的关联性、自然生态要素的综合性，从生态系统的整体性、系统性考虑，从上游至下游，从支流到干流，将柳江流域（柳州）划分为：九万山水源涵养和生物多样性保护单元、融江流域水土保持和石漠化治理单元、洛清江流域生态环境综合治理单元、柳江流域生态环境综合治理单元四个修复单元。通过对柳江流域（柳州）山水林田湖草开展综合整治和管护，优化国土空间格局，提升生态系统质量和稳定性。

第一节　九万山水源涵养和生物多样性保护单元

　　九万山水源涵养和生物多样性保护单元由九万山西南麓生物多样性保护项目、九万山东麓水源涵养项目、九万山北麓水土保持项目和元宝山生物多样性保护项目组成。

一、九万山西南麓生物多样性保护项目

（一）空间布局

　　九万山西南麓地区的实施区总面积为 8 平方千米，占九万山水源涵养和生物多样性保护单元总面积的 61.66%。该生态治理亚区的行政区域主要包括融

水苗族自治县的同练瑶族、三防、汪洞、怀宝等乡镇。结合目前存在的生态环境问题，该项目设置了民洞河分区、沙坪河分区2个项目分区。

（二）建设内容

民洞河分区主要建设内容包括保护保育措施、林业生态功能提升、河道水环境综合整治。其中保护保育措施有生态林征收、防火瞭望塔建设、森林监测系统建设、标识牌安装；林业生态功能提升则包括水土保持林建设、水源涵养林建设、林业有害物监测与防治；河道水环境综合整治主要是生态岸坡垒砌。

沙坪河分区主要建设内容包括保护保育措施、人类活动区缓冲带建设、林业生态功能提升。其中保护保育措施有防火瞭望塔建设、标识牌安装、森林监测系统和森林巡护便道建设；人类活动区缓冲带建设主要是人居缓冲带绿化和生态固坡；林业生态功能提升包括水土保持林建设、林分组成优化、水源涵养林建设、林业有害物监测与防治。

九万山西南麓生物多样性保护项目建设内容如表4-1所示。

表4-1　九万山西南麓生物多样性保护项目建设内容统计

序号	项目分区	工程类别	建设内容	单位	工程量	保护修复模式
1	民洞河分区	保护保育措施	生态林征收	平方千米	0.332	保护保育、自然恢复
2			防火瞭望塔建设	座	2	
3			森林监测系统建设	套	1	
4			标识牌安装	个	125	
5		林业生态功能提升	水土保持林建设	平方千米	1.24	辅助再生
6			水源涵养林建设	平方千米	1.28	辅助再生
7			林业有害物监测与防治	项	3	辅助再生
8		河道水环境综合整治	生态岸坡垒砌	千米	10	生态重塑

表4-1(续)

序号	项目分区	工程类别	建设内容	单位	工程量	保护修复模式
9	沙坪河分区	保护保育措施	防火瞭望塔建设	座	1	保护保育、自然恢复
10			标识牌安装	个	120	
11			森林监测系统建设	套	1	
12			森林巡护便道建设	千米	28.3	
13		人类活动区缓冲带建设	人居缓冲带绿化	平方千米	0.207	生态重塑
14			生态固坡	平方千米	0.381	辅助再生
15		林业生态功能提升	水土保持林建设	平方千米	1.61	辅助再生
16			林分组成优化	平方千米	1.72	
17			水源涵养林建设	平方千米	1.23	辅助再生
18			林业有害物监测与防治	项	3	

二、九万山东麓水源涵养项目

(一)空间布局

九万山东麓地区的实施区总面积为 2.56 平方千米,占九万山水源涵养和生物多样性保护单元总面积的 19.73%。该生态治理亚区的行政区域主要涉及融水苗族自治县的滚贝侗族、汪洞、三防等乡镇。该项目设置了河村河分区和平等河分区 2 个项目分区。

(二)建设内容

河村河分区主要建设内容包括林业生态功能提升、河道生态修复。其中林业生态功能提升包括水土保持林建设、蓄水池和沉沙池建设、森林巡护便道建设;河道生态修复有坡面清理、场地平整、生态岸坡建设、浆砌石挡墙、截排水沟建设。

平等河分区主要建设内容包括河道水环境综合整治、林业生态功能提升、人类活动区缓冲带建设、保护保育措施。其中河道水环境综合整治包括生态固坡、生态岸坡垒砌、河道综合治理;林业生态功能提升主要有林分组成优化、水土保持林建设;人类活动区缓冲带建设包括裸露山体修复、人居缓冲绿化;保护保育措施主要有生态林征收和防火隔离带建设。

九万山东麓水源涵养项目建设内容如表 4-2 所示。

表 4-2 九万山东麓水源涵养项目建设内容统计

序号	项目分区	工程类别	工程措施	单位	工程量	保护修复模式
1	河村河分区	林业生态功能提升	水土保持林建设	平方千米	1.52	辅助再生
2			蓄水池、沉沙池建设	座	6	
3			森林巡护便道建设	千米	23.3	
4		河道生态修复	坡面清理	平方千米	0.201	生态重塑
5			场地平整	平方千米	0.226	
6			生态岸坡建设	平方千米	0.151	
7			浆砌石挡墙	立方米	500.4	
8			截排水沟建设	千米	3.1	
9	平等河分区	河道水环境综合整治	生态固坡	平方千米	0.32	辅助再生
10			生态岸坡垒砌	平方千米	0.56	
11			河道综合治理	平方千米	0.034	
12		林业生态功能提升	林分组成优化	平方千米	2.03	辅助再生
13			水土保持林建设	平方千米	0.88	
14		人类活动区缓冲带建设	裸露山体修复	平方千米	0.13	生态重塑
15			人居缓冲带绿化	平方千米	0.36	
16		保护保育措施	生态林征收	平方千米	0.54	保护保育
17			防火隔离带建设	千米	12	

三、九万山北麓水土保持项目

（一）空间布局

九万山北麓地区的实施区总面积为 0.649 3 平方千米，占九万山水源涵养和生物多样性保护单元总面积的 5%。该生态治理亚区的行政区域主要包括融水苗族自治县的杆洞、洞头、良寨等乡镇。该项目设置了杆洞河分区和大年河分区 2 个项目分区。

（二）建设内容

杆洞河分区主要建设内容包括林业生态功能提升、农田生态功能提升。其中林业生态功能提升主要有水土保持林建设；农田生态功能提升包括灌溉渠道建设、蓄水池和沉沙池建设、机耕道建设。

大年河分区主要建设内容包括农田生态功能提升、河道水环境综合整治、林业生态功能提升、人类活动区缓冲带建设、保护保育措施。其中农田生态功能提升包括机耕道建设、灾毁农田修复、灌溉渠道建设、蓄水池和沉沙池建设、排水沟渠建设；河道水环境综合整治主要有生态固坡、生态岸坡垒砌、河道综合治理；林业生态功能提升主要有林分组成优化、水土保持林建设；人类活动区缓冲带建设包括裸露山体修复、人居缓冲带绿化；保护保育措施主要有生态林征收和防火隔离带建设。

九万山北麓水土保持项目建设内容如表4-3所示。

表4-3 九万山北麓水土保持项目建设内容统计

序号	实施片区	工程类别	工程措施	单位	工程量	保护修复模式
1	杆洞河分区	林业生态功能提升	水土保持林建设	平方千米	1.23	辅助再生
2		农田生态功能提升	灌溉渠道建设	千米	6.2	辅助再生
3			蓄水池、沉沙池建设	座	4	
4			机耕道建设	千米	10.8	
5	大年河分区	农田生态功能提升	机耕道建设	千米	8.1	辅助再生
6			灾毁农田修复	平方千米	0.008	
7			灌溉渠道建设	千米	6.3	
8			蓄水池、沉沙池建设	座	6	
9			排水沟渠建设	千米	8.4	
10		河道水环境综合整治	生态固坡	平方千米	0.032	辅助再生
11			生态岸坡垒砌	平方千米	0.059	
12			河道综合治理	平方千米	0.102	
13		林业生态功能提升	林分组成优化	平方千米	1.53	辅助再生
14			水土保持林建设	平方千米	1.24	
15		人类活动区缓冲带建设	裸露山体修复	平方千米	0.129	生态重塑
16			人居缓冲带绿化	平方千米	0.101	
17		保护保育措施	生态林征收	平方千米	0.53	保护保育
18			防火隔离带建设	千米	16	

四、元宝山生物多样性保护项目

（一）空间布局

元宝山地区的实施区总面积为1.764 2平方千米，占九万山水源涵养和生物多样性保护单元总面积的13.6%。该生态治理亚区的行政区域主要包括融水苗族自治县的四荣、安太、白云、安陲、香粉、拱洞等乡镇。该项目设置了都郎河分区和拱洞河分区2个项目分区。

（二）建设内容

都郎河分区主要建设内容包括保护保育措施、河道水环境综合整治、矿山生态环境修复、林业生态功能提升。其中保护保育措施包括标识牌安装、森林监测系统建设和封山育林；河道水环境综合整治主要是生态岸坡垒砌；矿山生态环境修复包括拆除工程、坡面清理、场地平整、矿区覆土复绿、浆砌石挡墙、截排水沟建设；林业生态功能提升主要有水源涵养林建设、林业有害物监测与防治。

　　拱洞河分区主要建设内容包括保护保育措施、农田生态功能提升、河道水环境综合整治、林业生态功能提升。其中保护保育措施主要有防火瞭望塔建设、森林监测系统建设、生态林征收；农田生态功能提升主要是排水沟渠建设；河道水环境综合整治包括河道生境改善和生态岸坡垒砌；林业生态功能提升包括水土保持林建设、林分组成优化和水源涵养林建设。

　　元宝山生物多样性保护项目建设内容如表4-4所示。

表4-4　元宝山生物多样性保护项目建设内容统计

序号	实施片区	工程类别	工程措施	单位	工程量	保护修复模式
1	都郎河分区	保护保育措施	标识牌安装	个	173	保护保育
2			森林监测系统建设	套	2	
3			封山育林	平方千米	2.26	
4		河道水环境综合整治	生态岸坡垒砌	千米	2.6	辅助再生
5		矿山生态环境修复	拆除工程	立方米	364.6	生态重塑
6			坡面清理	平方千米	0.008	
7			场地平整	平方千米	0.032	
8			矿区覆土复绿	平方千米	0.024	
9			浆砌石挡墙	立方米	203.2	
10			截排水沟建设	千米	17.5	
11		林业生态功能提升	水源涵养林建设	平方千米	0.208	辅助再生
12			林业有害物监测与防治	项	3	

表4-4(续)

序号	实施片区	工程类别	工程措施	单位	工程量	保护修复模式
13	拱洞河分区	保护保育措施	防火瞭望塔建设	座	1	保护保育
14			森林监测系统建设	套	1	
15			生态林征收	平方千米	0.287	
16		农田生态功能提升	排水沟渠建设	千米	15.6	辅助再生
17		河道水环境综合整治	河道生态改善	平方千米	0.154	辅助再生
18			生态岸坡垒砌	千米	17.6	辅助再生
19		林业生态功能提升	水土保持林建设	平方千米	0.97	辅助再生
20			林分组成优化	平方千米	1.45	
21			水源涵养林建设	平方千米	1.58	辅助再生

第二节　融江流域水土保持和石漠化治理单元

融江流域水土保持和石漠化治理单元由贝江流域上游生物多样性保护及水土保持项目、贝江流域中下游水土保持项目、寻江流域生态环境综合整治项目、都柳江干流（三江段）水土保持和农田生态功能提升项目、沙埔河矿山生态修复和石漠化治理项目、石门河矿山生态修复项目、浪溪河水土保持和矿山生态修复项目、保江河水土保持项目、融江干流生态环境综合整治项目组成。

一、贝江流域上游生物多样性保护及水土保持项目

（一）空间布局

贝江流域上游生物多样性保护及水土保持项目的实施区总面积为12.072平方千米，占融江流域水土保持和石漠化治理单元总面积的16.68%。该生态治理亚区的行政区域主要为融水苗族自治县以及周边乡镇等。结合目前存在的生态环境问题，该项目设置了香粉河分区、都郎河中下游分区、三防河分区3个项目分区。

（二）建设内容

香粉河分区主要建设内容为林业生态功能提升，工程措施包括水土保持林建设、水源涵养林建设、退化防护林修复、林地提升治理、林分组成优化。

都郎河中下游分区主要建设内容为林业生态功能提升，工程措施包括水土保持林建设、退化防护林修复、林地提升治理、林分组成优化。

三防河分区主要建设内容为林业生态功能提升，工程措施包括水土保持林建设、退化防护林修复、林分组成优化。

贝江流域上游生物多样性保护及水土保持项目建设内容如表4-5所示。

表4-5　贝江流域上游生物多样性保护及水土保持项目建设内容统计

序号	实施片区	工程类别	工程措施	单位	工程量	保护修复模式
1	香粉河分区	林业生态功能提升	水土保持林建设	平方千米	1.125	辅助再生
2			水源涵养林建设	平方千米	1.148	
3			退化防护林修复	平方千米	1.202	
4			林地提升治理	平方千米	1.291	
5			林分组成优化	平方千米	1.057	
6	都郎河中下游分区	林业生态功能提升	水土保持林建设	平方千米	1.199	辅助再生
7			退化防护林修复	平方千米	0.826	
8			林地提升治理	平方千米	0.947	
9			林分组成优化	平方千米	0.872	
10	三防河分区	林业生态功能提升	水土保持林建设	平方千米	0.849	辅助再生
11			退化防护林修复	平方千米	0.797	
12			林分组成优化	平方千米	0.779	

二、贝江流域中下游水土保持项目

（一）空间布局

贝江流域中下游水土保持项目的实施区总面积为4.016 6平方千米，占融江流域水土保持和石漠化治理单元总面积的5.55%。该生态治理亚区的行政区域主要包括融水苗族自治县以及周边乡镇等。该项目设置了贝江中下游左右岸分区。

（二）建设内容

贝江中下游左右岸分区主要建设内容包括林业生态功能提升和石漠化治理。其中林业生态功能提升的工程措施包括水土保持林建设、退化防护林修复、林地提升治理；石漠化治理工程措施包括人工植被恢复、坡改梯。

贝江流域中下游水土保持项目建设内容如表4-6所示。

表 4-6 贝江流域中下游水土保持项目建设内容统计

序号	实施片区	工程类别	工程措施	单位	工程量	保护修复模式
1	贝江中下游左右岸分区	林业生态功能提升	水土保持林建设	平方千米	1.375	辅助再生
2			退化防护林修复	平方千米	0.927 6	
3			林地提升治理	平方千米	0.803	
4		石漠化治理	人工植被恢复	平方千米	0.606	生态重塑
5			坡改梯	平方千米	0.305	

三、寻江流域生态环境综合整治项目

（一）空间布局

寻江流域生态环境综合整治项目的实施区总面积为 14.549 平方千米，占融江流域水土保持和石漠化治理单元总面积的 20.1%。该生态治理亚区的行政区域主要包括三江侗族自治县以及周边乡镇等。该项目设置了苗江河分区、四甲河分区、寻江干流分区、八江河分区 4 个项目分区。

（二）建设内容

苗江河分区主要建设内容包括林业生态功能提升和农田生态功能提升。其中林业生态功能提升的工程措施包括水土保持林建设、水源涵养林建设、退化防护林修复、林地提升治理；农田生态功能提升的工程措施包括土地复垦，水田生态质量改善，灾毁农田修复，挂坡地水土保持，机耕道、排水沟渠、灌溉渠道、蓄水池、沉沙池的建设。

四甲河分区主要建设内容包括林业生态功能提升和农田生态功能提升。其中林业生态功能提升的工程措施包括水土保持林建设、水源涵养林建设、林分组成优化、林地提升治理；农田生态功能提升的工程措施包括土地复垦，水田生态质量改善，灾毁农田修复，挂坡地水土保持，机耕道、排水沟渠、灌溉渠道、蓄水池、沉沙池的建设。

寻江干流分区主要建设内容包括林业生态功能提升。林业生态功能提升的工程措施包括水土保持林建设、退化防护林修复、林地提升治理。

八江河分区主要建设内容包括林业生态功能提升和农田生态功能提升。其中林业生态功能提升的工程措施包括水土保持林建设、水源涵养林建设、退化防护林修复、林分组成优化；农田生态功能提升的工程措施包括土地复垦，水田生态质量改善，灾毁农田修复，挂坡地水土保持，机耕道、排水沟渠、灌溉渠道、蓄水池、沉沙池的建设，山塘整治。

寻江流域生态环境综合整治项目建设内容如表4-7所示。

表4-7　寻江流域生态环境综合整治项目建设内容统计

序号	实施片区	工程类别	工程措施	单位	工程量	保护修复模式
1	苗江河分区	林业生态功能提升	水土保持林建设	平方千米	1.475	辅助再生
2			水源涵养林建设	平方千米	0.829	
3			退化防护林修复	平方千米	0.97	
4			林地提升治理	平方千米	0.867	
5		农田生态功能提升	土地复垦	平方千米	0.022	生态重塑
6			水田生态质量改善	平方千米	0.165	辅助再生
7			灾毁农田修复	平方千米	0.101	生态重塑
8			挂坡地水土保持	平方千米	0.111	辅助再生
9			机耕道建设	千米	10.2	
10			排水沟渠建设	千米	12.7	
11			灌溉渠道建设	千米	11.2	
12			蓄水池、沉沙池建设	座	5	
13	四甲河分区	林业生态功能提升	水土保持林建设	平方千米	0.825	辅助再生
14			水源涵养林建设	平方千米	0.643	
15			林分组成优化	平方千米	1.004	
16			林地提升治理	平方千米	1.089	
17		农田生态功能提升	土地复垦	平方千米	0.126	生态重塑
18			水田生态质量改善	平方千米	0.148	辅助再生
19			灾毁农田修复	平方千米	0.158	生态重塑
20			挂坡地水土保持	平方千米	0.158	辅助再生
21			机耕道建设	千米	10.4	
22			排水沟渠建设	千米	13.5	
23			灌溉渠道建设	千米	12.3	
24			蓄水池、沉沙池建设	座	6	
25	寻江干流分区	林业生态功能提升	水土保持林建设	平方千米	0.675	辅助再生
26			退化防护林修复	平方千米	0.578	
27			林地提升治理	平方千米	0.267	

表4-7（续）

序号	实施片区	工程类别	工程措施	单位	工程量	保护修复模式
28		林业生态功能提升	水土保持林建设	平方千米	1.05	辅助再生
29			水源涵养林建设	平方千米	0.986	
30			退化防护林修复	平方千米	0.98	
31			林分组成优化	平方千米	0.804	
32	八江河分区	农田生态功能提升	土地复垦	平方千米	0.127	生态重塑
33			水田生态质量改善	平方千米	0.121	辅助再生
34			灾毁农田修复	平方千米	0.135	生态重塑
35			挂坡地水土保持	平方千米	0.135	辅助再生
36			机耕道建设	千米	13.2	
37			排水沟渠建设	千米	15.6	
38			灌溉渠道建设	千米	14.5	
39			蓄水池、沉沙池建设	座	9	
40			山塘整治	座	2	

四、都柳江干流（三江段）水土保持和农田生态功能提升项目

（一）空间布局

都柳江干流（三江段）水土保持和农田生态功能提升项目的实施区总面积为4.213平方千米，占融江流域水土保持和石漠化治理单元总面积的5.82%。该生态治理亚区的行政区域主要包括三江侗族自治县西部乡镇和融水苗族自治县北部部分乡镇。该项目设置了都柳江干流分区。

（二）建设内容

都柳江干流分区主要建设内容包括林业生态功能提升、石漠化治理、农田生态功能提升。其中林业生态功能提升的工程措施有水土保持林建设、退化防护林修复、林地提升治理、林分组成优化；石漠化治理的工程措施有人工植被恢复、坡改梯；农田生态功能提升的工程措施包括土地复垦，水田生态质量改善，灾毁农田修复，挂坡地水土保持，机耕道、排水沟渠、灌溉渠道、蓄水池、沉沙池的建设。

都柳江干流（三江段）水土保持和农田生态功能提升项目建设内容如表4-8所示。

表 4-8　都柳江干流（三江段）水土保持和农田生态功能提升项目建设内容统计

序号	实施片区	工程类别	工程措施	单位	工程量	保护修复模式
1	都柳江干流分区	林业生态功能提升	水土保持林建设	平方千米	1.025	辅助再生
2			退化防护林修复	平方千米	1.092	
3			林地提升治理	平方千米	1.089	
4			林分组成优化	平方千米	0.092	
5		石漠化治理	人工植被恢复	平方千米	0.406	生态重塑
6			坡改梯	平方千米	0.105	
7		农田生态功能提升	土地复垦	平方千米	0.102	生态重塑
8			水田生态质量改善	平方千米	0.108	辅助再生
9			灾毁农田修复	平方千米	0.096	生态重塑
10			挂坡地水土保持	平方千米	0.098	辅助再生
11			机耕道建设	千米	9.4	
12			排水沟渠建设	千米	9.5	
13			灌溉渠道建设	千米	9.3	
14			蓄水池、沉沙池建设	座	3	

五、沙埔河矿山生态修复和石漠化治理项目

（一）空间布局

沙埔河矿山生态修复和石漠化治理项目的实施区总面积为 6.103 9 平方千米，占融江流域水土保持和石漠化治理单元总面积的 8.43%，包括融安县亚新铁矿治理工程、融安县桥板土草弄硫治理工程及铁铅锌矿治理工程、融安县亚新铁矿治理工程、融安县桥板土草弄硫治理工程等，主要分布在融安县东南部沙浦镇、太平镇、沙子乡及周边乡镇。该项目设置了沙埔河流域矿山与石漠化分区、沙埔河上游分区、沙埔河中下游分区 3 个项目分区。

（二）建设内容

沙埔河流域矿山与石漠化分区主要建设内容包括铁矿和铅矿矿山生态修复和石漠化治理。铁矿和铅矿矿山生态修复的工程措施包括场地平整、矿区土地复垦、矿山复绿、截排水沟、封堵井口；石漠化治理的工程措施包括人工植被恢复。

沙埔河上游分区主要建设内容包括林业生态功能提升，工程措施包含水土保持林建设、水源涵养林建设、退化防护林修复。

沙埔河中下游分区主要建设内容包括林业生态功能提升和石漠化治理。其中林业生态功能提升的工程措施包含水土保持林建设、林地提升治理、坑塘水

面整治；石漠化治理的工程措施包含人工植被恢复和坡改梯。

沙埔河矿山生态修复和石漠化治理项目建设内容如表4-9所示。

表4-9　沙埔河矿山生态修复和石漠化治理项目建设内容统计

序号	实施片区	工程类别	工程措施	单位	工程量	保护修复模式
1	沙埔河流域矿山与石漠化分区	铁矿矿山生态修复	场地平整	平方千米	0.21	生态重塑
2			矿区土地复垦	平方千米	0.071	
3			矿山复绿	平方千米	0.162 9	
4			截排水沟	千米	4.44	
5			封堵井口	个	1	
6		铅矿矿山生态修复	场地平整	平方千米	0.053	生态重塑
7			矿区土地复垦	平方千米	0.028	
8			矿山复绿	平方千米	0.042	
9			截排水沟	千米	2.2	
10			封堵井口	个	2	
11		石漠化治理	人工植被恢复	平方千米	0.606	生态重塑
12	沙埔河上游分区	林业生态功能提升	水土保持林建设	平方千米	1.255	辅助再生
13			水源涵养林建设	平方千米	1.208	
14			退化防护林修复	平方千米	0.802	
15	沙埔河中下游分区	林业生态功能提升	水土保持林建设	平方千米	0.078	辅助再生
16			林地提升治理	平方千米	0.021	
17			坑塘水面整治	平方千米	0.077	
18		石漠化治理	人工植被恢复	平方千米	1.208	生态重塑
19			坡改梯	平方千米	0.282	

六、石门河矿山生态修复项目

（一）空间布局

石门河矿山生态修复项目的实施区总面积为0.608平方千米，占融江流域水土保持和石漠化治理单元总面积的0.84%，主要有大良镇曹家碳质页岩矿治理工程，分布在融安县西南部石门河流域，设置了石门河分区。

（二）建设内容

石门河分区建设内容包括矿山生态修复和石漠化治理。矿山生态修复的工程措施包括场地平整、矿区土地复垦、矿山复绿、截排水沟、封堵井口；石漠化治理的工程措施包括人工植被恢复、坡改梯。

石门河矿山生态修复项目建设内容如表4-10所示。

表 4-10　石门河矿山生态修复项目建设内容统计

序号	实施片区	工程类别	工程措施	单位	工程量	保护修复模式
1	石门河分区	矿山生态修复	场地平整	平方千米	0.169	生态重塑
2			矿区土地复垦	平方千米	0.081	
3			矿山复绿	平方千米	0.077	
4			截排水沟	千米	8.3	
5			封堵井口	个	1	
6		石漠化治理	人工植被恢复	平方千米	0.16	生态重塑
7			坡改梯	平方千米	0.121	

七、浪溪河水土保持和矿山生态修复项目

（一）空间布局

浪溪河水土保持和矿山生态修复项目的实施区总面积为 17.425 平方千米，占融江流域水土保持和石漠化治理单元总面积的 24.07%，主要分布在融安县东北部浪溪河流域。该项目设置了黄金河分区和泗顶河分区 2 个项目分区。

（二）建设内容

黄金河分区主要建设内容包括林业生态功能提升和矿山生态修复。泗顶河分区主要建设内容包括林业生态功能提升、石漠化治理和农田生态功能提升。

浪溪河水土保持和矿山生态修复项目建设内容如表 4-11 所示。

表 4-11　浪溪河水土保持和矿山生态修复项目建设内容统计

序号	实施片区	工程类别	工程措施	单位	工程量	保护修复模式
1	黄金河分区	林业生态功能提升	水源涵养林建设	平方千米	0.848	辅助再生
2			退化防护林修复	平方千米	0.802	
3			林地提升治理	平方千米	1.152	
4			林分组成优化	平方千米	0.916	
5		矿山生态修复	场地平整	平方千米	0.369	生态重塑
6			矿区土地复垦	平方千米	0.024	
7			矿山复绿	平方千米	0.031	
8			截排水沟	千米	3.9	
9			封堵井口	个	1	

表4-11(续)

序号	实施片区	工程类别	工程措施	单位	工程量	保护修复模式
10		林业生态功能提升	水土保持林建设	平方千米	4.29	辅助再生
11			退化防护林修复	平方千米	2.294	
12			林地提升治理	平方千米	2.456	
13	泗顶河分区		林分组成优化	平方千米	1.348	
14		石漠化治理	人工植被恢复	平方千米	1.183	生态重塑
15			坡改梯	平方千米	0.481	
16		农田生态功能提升	土地复垦	平方千米	0.624	辅助再生
17			灾毁农田修复	平方千米	0.099	
18			排水沟渠	平方千米	0.058	

八、保江河水土保持项目

(一)空间布局

保江河水土保持项目的实施区总面积为4.487平方千米，占融江流域水土保持和石漠化治理单元总面积的6.2%，主要分布在融安县北部的保江河流域，也包括三江侗族自治县南部保江河流域的部分乡镇，设置了保江河分区。

(二)建设内容

保江河分区主要建设内容包括林业生态功能提升和石漠化治理。林业生态功能提升的工程措施包括水土保持林建设、林地提升治理、水源涵养林建设、退化防护林修复；石漠化治理的工程措施包括人工植被恢复、坡改梯。

保江河水土保持项目建设内容见表4-12。

表4-12　保江河水土保持项目建设内容统计

序号	实施片区	工程类别	工程措施	单位	工程量	保护修复模式
1		林业生态功能提升	水土保持林建设	平方千米	1.215	辅助再生
2			林地提升治理	平方千米	0.576	
3	保江河分区		水源涵养林建设	平方千米	1.324	
4			退化防护林修复	平方千米	1.049	
5		石漠化治理	人工植被恢复	平方千米	0.222	生态重塑
6			坡改梯	平方千米	0.101	

九、融江干流生态环境综合整治项目

（一）空间布局

融江干流生态环境综合整治项目的实施区总面积为8.911平方千米，占融江流域水土保持和石漠化治理单元总面积的12.31%，主要分布在三江侗族自治县、融水苗族自治县、融安县的融江干流地区，设置了融江干流分区。

（二）建设内容

融江干流生态环境综合整治分区的主要建设内容有河道水环境综合整治、石漠化治理、矿山生态修复、林业生态功能提升、农田生态功能提升。

融江干流生态环境综合整治项目具体建设内容如表4-13所示。

表4-13　融江干流生态环境综合整治项目建设内容统计

序号	实施片区	工程类别	工程措施	单位	工程量	保护修复模式
1	融江干流分区	河道水环境综合整治	生态固坡	千米	9.4	辅助再生
2			河道水环境整治	千米	4.7	
3			河道缓冲带建设	平方千米	0.033	
4			人工湿地建设	平方千米	0.023	
5		石漠化治理	人工植被恢复	平方千米	3.975	生态重塑
6			坡改梯	平方千米	1.201	
7		矿山生态修复	场地平整	平方千米	0.274	生态重塑
8			矿区土地复垦	平方千米	0.059	
9			矿山复绿	平方千米	0.141	
10			截排水沟	千米	3.8	
11		林业生态功能提升	水土保持林建设	平方千米	0.839	辅助再生
12			生态林建设	平方千米	0.207	
13			退化防护林修复	平方千米	0.944	
14			林地提升治理	平方千米	0.339	
15			林分组成优化	平方千米	0.482	
16		农田生态功能提升	土地复垦	平方千米	0.062	生态重塑
17			水田生态质量改善	平方千米	0.205	辅助再生
18			灾毁农田修复	平方千米	0.126	生态重塑
19			挂坡地水土保持	平方千米	0.158	辅助再生
20			机耕道建设	千米	11.1	
21			排水沟渠建设	千米	15.5	
22			灌溉渠道建设	千米	16.1	
23			蓄水池、沉沙池建设	座	8	

第三节　洛清江流域生态环境综合整治单元

洛清江流域生态环境综合整治单元工程由石榴河流域上游生物多样性保护和水源涵养项目、洛江（石门河）流域水环境综合整治项目、洛清江干流矿山生态修复和农田生态功能提升项目、石榴河流域中下游生态环境综合整治项目组成。

一、石榴河流域上游生物多样性保护和水源涵养项目

（一）空间布局

石榴河流域上游的实施区总面积为 2.807 平方千米，占洛清江流域生态环境综合整治单元总面积的 46.51%。石榴河流域上游生物多样性保护和水源涵养项目主要涉及拉沟乡、寨沙镇、四排镇、拉章村、六章村、大坪村，设置了拉沟河分区、古偿河分区 2 个项目分区。

（二）建设内容

拉沟河分区主要建设内容包括保护保育措施、林业生态功能提升、人类活动区缓冲带建设；古偿河分区主要建设内容包括保护保育措施、林业生态功能提升。

石榴河流域上游生物多样性保护和水源涵养项目建设内容如表 4-14 所示。

表 4-14　石榴河流域上游生物多样性保护和水源涵养项目建设内容统计

序号	实施片区	工程类别	工程措施	单位	工程量	保护修复模式
1	拉沟河分区	保护保育措施	生态隔离带	千米	10	保护保育
2			防火瞭望塔建设	座	1	保护保育
3			森林有害生物防治设备	套	1	保护保育
4			森林巡护便道	千米	2	保护保育
5			封山育林	平方千米	0.97	自然恢复
6		林业生态功能提升	水土保持林建设	平方千米	0.50	辅助再生
7			林分组成优化	平方千米	0.363	辅助再生
8		人类活动区缓冲带建设	生态缓冲区	平方千米	0.145	生态重塑

表4-14(续)

序号	实施片区	工程类别	工程措施	单位	工程量	保护修复模式
9	古偿河分区	保护保育措施	林地生态质量改善	平方千米	0.162	生态重塑
10			生态水源林保护	平方千米	0.154	辅助再生
11			标识牌安装	个	108	保护保育
12		林业生态功能提升	退化防护林修复	平方千米	0.513	生态重塑

二、洛江（石门河）流域水环境综合整治项目

（一）空间布局

洛江（石门河）流域的实施区总面积为0.274平方千米，占洛清江流域生态环境综合整治单元总面积的4.54%。洛江（石门河）流域水环境综合整治项目主要涉及中渡镇、平山镇、黄腊村、石路村，设置了"黄腊河分区、平山河分区、福龙河分区"1个综合项目分区。

（二）建设内容

"黄腊河分区、平山河分区、福龙河分区"这一综合项目分区主要建设内容为河道水环境综合整治，工程措施包括生态固坡、河道水环境整治、河道缓冲带建设、人工湿地建设、生态补水。

洛江（石门河）流域水环境综合整治项目建设内容如表4-15所示。

表4-15 洛江（石门河）流域水环境综合整治项目建设内容统计

序号	实施片区	工程类别	工程措施	单位	工程量	保护修复模式
1	黄腊河分区、平山河分区、福龙河分区	河道水环境综合整治	生态固坡	千米	25	辅助再生
2			河道水环境整治	千米	9	辅助再生
3			河道缓冲带建设	平方千米	0.25	辅助再生
4			人工湿地建设	平方千米	0.024	辅助再生
5			生态补水	千米	2.2	生态重塑

三、洛清江干流矿山生态修复和农田生态功能提升项目

（一）空间布局

洛清江干流的实施区总面积为2.152平方千米，占洛清江流域生态环境综合清理单元总面积的35.66%。洛清江干流矿山生态修复和农田生态功能提升

主要涉及鹿寨县、雒容镇、柳东新区管理委员会、丹竹乡、白沙镇、江口乡，设置了洛清江干流1个项目分区。

（二）建设内容

洛清江干流分区主要建设内容为矿山生态修复、农田生态功能提升。

洛清江干流矿山生态修复和农田生态功能提升项目建设内容如表4-16所示。

表4-16 洛清江干流矿山生态修复和农田生态功能提升项目建设内容统计表

序号	实施片区	工程类别	工程措施	单位	工程量	保护修复模式
1	洛清江干流分区	矿山生态修复	场地平整	平方千米	0.76	生态重塑
2			矿区土地复垦	平方千米	0.25	生态重塑
3			矿山复绿	平方千米	0.60	生态重塑
4			截排水沟	千米	16.3	生态重塑
5			封堵井口	个	2	生态重塑
6		农田生态功能提升	土地复垦	平方千米	0.137	生态重塑
7			水田生态质量改善	平方千米	0.129	辅助再生
8			灾毁农田修复	平方千米	0.135	生态重塑
9			挂坡地水土保持	平方千米	0.141	辅助再生
10			机耕道建设	千米	13.2	
11			排水沟渠建设	千米	16.1	
12			灌溉渠道建设	千米	14.5	
13			蓄水池、沉沙池建设	座	2	

四、石榴河流域中下游生态环境综合整治项目

（一）空间布局

石榴河流域中下游的实施区总面积为0.802平方千米，占洛清江流域生态环境综合整治单元总面积的13.29%。石榴河流域中下游生态环境综合整治项目主要涉及六脉村、石路村、欧村，设置了水城河分区、石榴河中下游分区2个项目分区。

（二）建设内容

水城河分区主要建设内容为河道水环境综合整治，具体工程措施涉及生态固坡、河道水环境整治、河道缓冲带建设、人工湿地建设；石榴河中下游分区主要建设内容为矿山生态修复，具体工程措施涉及场地平整、矿区土地复垦、矿山复绿、截排水沟、封堵井口。

石榴河流域中下游生态环境综合整治项目建设内容如表4-17所示。

表 4-17　石榴河流域中下游生态环境综合整治项目建设内容统计

序号	实施片区	工程类别	工程措施	单位	工程量	保护修复模式
1	水城河分区	河道水环境综合整治	生态固坡	千米	15.3	辅助再生
2			河道水环境整治	千米	4.8	辅助再生
3			河道缓冲带建设	平方千米	0.07	辅助再生
4			人工湿地建设	平方千米	0.14	辅助再生
5	石榴河中下游分区	矿山生态修复	场地平整	平方千米	0.28	生态重塑
6			矿区土地复垦	平方千米	0.092	生态重塑
7			矿山复绿	平方千米	0.22	生态重塑
8			截排水沟	千米	6	生态重塑
9			封堵井口	个	2	生态重塑

第四节　柳江干流水环境治理和矿山生态修复单元

柳江干流水环境治理和矿山生态修复单元由大桥河流域生态修复项目、竹鹅溪流域水环境综合治理项目、香兰河流域水环境综合治理项目、沙塘河流域水环境综合治理项目和柳江干流水土保持项目组成。

一、大桥河流域生态修复项目

（一）空间布局

大桥河流域生态修复项目主要分布在三都镇、成团镇、拉堡镇、柳南街道、羊角山镇等乡镇，面积约为16.90平方千米。该项目设置了拉堡河分区和龙兴河分区2个项目分区。

（二）建设内容

拉堡河分区的建设内容主要包括矿山生态修复和林业生态功能提升。龙兴河分区建设内容主要包括矿山生态修复和林业生态功能提升。

大桥河流域生态修复项目建设内容详见表4-18。

表 4-18 大桥河流域生态修复项目建设内容统计

序号	实施片区	工程类别	工程措施	单位	工程量	保护修复模式
1	拉堡河分区	铁矿矿山生态修复	场地平整	平方千米	0.131	生态重塑
2			矿区土地复垦	平方千米	0.043	
3			矿山复绿	平方千米	0.103	
4			截排水沟	千米	0.038	
5			封堵井口	个	2	
6		林业生态功能提升	水土保持林建设	平方千米	2.925	辅助再生
7			水源涵养林建设	平方千米	1.394	
8			退化防护林修复	平方千米	1.543	
9			林地提升治理	平方千米	1.706	
10			林分组成优化	平方千米	1.227 2	
12	龙兴河分区	石灰岩矿山生态修复	场地平整	平方千米	0.056	生态重塑
13			矿区土地复垦	平方千米	0.018 4	
14			矿山复绿	平方千米	0.044	
15			截排水沟	千米	3.2	
16			封堵井口	个	2	
17		页岩矿山生态修复	场地平整	平方千米	0.42	生态重塑
18			矿区土地复垦	平方千米	0.138	
19			矿山复绿	平方千米	0.33	
20			截排水沟	千米	0.082	
21			封堵井口	个	1	
22		林业生态功能提升	水土保持林建设	平方千米	2.388	辅助再生
23			水源涵养林建设	平方千米	1.591	
24			退化防护林修复	平方千米	2.314	
25			林地提升治理	平方千米	1.264	
26			林分组成优化	平方千米	0.942	

二、竹鹅溪流域水环境综合治理项目

（一）空间布局

竹鹅溪流域水环境综合治理项目主要分布在柳南街道，面积约为 0.32 平方千米。其设置了 1 个项目分区，即竹鹅溪分区。

（二）建设内容

竹鹅溪分区的建设内容主要为河道水环境综合整治。

竹鹅溪流域水环境综合治理项目建设内容见表 4-19。

表 4-19　竹鹅溪流域水环境综合治理项目建设内容统计

序号	实施片区	工程类别	工程措施	单位	工程量	保护修复模式
1	竹鹅溪分区	河道水环境综合整治	生态固坡	千米	6.6	辅助再生
2			河道水环境整治	千米	7	
3			河道缓冲带建设	平方千米	0.12	
4			人工湿地建设	平方千米	0.20	
5			生态补水	千米	4	生态重塑

三、香兰河流域水环境综合治理项目

（一）空间布局

香兰河流域水环境综合治理项目主要分布在长塘镇，面积约为 0.206 平方千米。该项目设置了香兰河分区。

（二）建设内容

香兰河分区建设内容主要为河道水环境综合整治。

香兰河流域水环境综合治理项目建设内容见表 4-20。

表 4-20　香兰河流域水环境综合治理项目建设内容统计

序号	实施片区	工程类别	工程措施	单位	工程量	保护修复模式
1	香兰河分区	河道水环境综合整治	生态固坡	千米	13	辅助再生
2			河道水环境整治	千米	15	
3			河道缓冲带建设	平方千米	0.13	
4			人工湿地建设	平方千米	0.076	

四、沙塘河流域水环境综合治理项目

（一）空间布局

沙塘河流域水环境综合治理项目主要分布在沙塘镇，面积约为 44.302 平方千米。该项目设置了 1 个项目分区，即沙塘河分区。

（二）建设内容

沙塘河分区的建设内容主要包括河道水环境综合整治、农田生态功能提升和林业生态功能提升。

沙塘河流域水环境综合治理项目建设内容见表 4-21。

表 4-21　沙塘河流域水环境综合治理项目建设内容统计

序号	实施片区	工程类别	工程措施	单位	工程量	保护修复模式
1			生态固坡	千米	19	
2		河道水环境综合整治	河道水环境整治	千米	7	辅助再生
3			河道缓冲带建设	平方千米	0.19	
4			人工湿地建设	平方千米	0.023	
5			生态补水	千米	7.4	生态重塑
6			土地复垦	平方千米	0.489	生态重塑
7	沙溏河分区		水田生态质量改善	平方千米	0.977	辅助再生
9		农田生态功能提升	挂坡地水土保持	平方千米	0.163	
10			机耕道建设	千米	23.4	
11			排水沟渠建设	千米	25.2	辅助再生
12			灌溉渠道建设	千米	23.1	
14			山塘整治建设	座	5	
15			水土保持林建设	平方千米	4.29	
16		林业生态功能提升	退化防护林修复	平方千米	3.00	辅助再生
17			林地提升治理	平方千米	12.50	
18			林分组成优化	平方千米	22.67	

五、柳江干流水土保持项目

（一）空间布局

柳江干流水土保持项目主要分布在凤山镇、社冲乡、太阳村镇、白露乡、长塘乡、洛埠镇、江口乡、白沙乡、导江乡等乡镇，面积约为 16.90 平方千米。

（二）建设内容

柳江干流水土保持项目建设内容主要包括河道水环境综合整治、矿山生态修复、林业生态功能提升、石漠化治理和莲花山生态桉树林修复。

柳江干流水土保持项目建设内容见表 4-22。

表 4-22　柳江干流水土保持项目建设内容统计

序号	实施片区	工程类别	工程措施	单位	工程量	保护修复模式
1	柳江干流	河道水环境综合整治	生态固坡	千米	18	辅助再生
2			河道水环境整治	千米	36	
3			河道缓冲带建设	平方千米	0.30	
4			人工湿地建设	平方千米	0.20	
5			生态补水	千米	10	生态重塑
6			矿区土地复垦	平方千米	0.034	生态重塑
7			矿山复绿	平方千米	0.01	
8			截排水沟	千米	2.3	
9			封堵井口	个	1	
10		矿山生态修复	场地平整	平方千米	0.086	生态重塑
11			矿区土地复垦	平方千米	0.055	
12			矿山复绿	平方千米	0.063	
13			截排水沟	千米	3.7	
14			封堵井口	个	3	
15		林业生态功能提升	水土保持林建设	平方千米	1.828	辅助再生
16			水源涵养林建设	平方千米	0.246	
17			退化防护林修复	平方千米	0.964	
18			林地提升治理	平方千米	0.11	
19			林分组成优化	平方千米	0.142	
20		石漠化治理	人工植被恢复	平方千米	7.268	生态重塑
			坡改梯	平方千米	0.455	
21		莲花山生态桉树林修复	林地提升治理	平方千米	5.32	辅助再生

第五章 柳江流域生态环境保护修复工程

柳江流域生态环境保护修复工程以加强生态保护修复建设为目标，全面提升生态系统质量和稳定性，强调要"以自然恢复为主、人工修复为辅"，并妥善处理与当地经济建设和居民生产、生活的关系。根据柳江流域的现状，剖析柳江流域的生态环境问题，统筹考虑流域工程布局，将流域生态环境保护修复工程划分为六类典型工程，即水源涵养和生物多样性保护工程、石漠化生态修复工程、矿山生态修复工程、水环境保护与综合整治工程、土地整理及质量提升工程和林业生态修复工程。

第一节 水源涵养和生物多样性保护工程

柳江流域水源涵养和生物多样性保护工程主要位于流域西北位置的九万山自然保护区。该区域既是广西重要的水源林区，也是我国南方常绿阔叶林及其垂直带森林生态系统保存较好的地区之一，还是广西物种数量最多、生物多样性最丰富的国家自然保护区和广西三大植物特有现象中心区。元宝山为九万大山的最高峰，元宝山自然保护区位于广西壮族自治区融水苗族自治县境内，范围涉及融水苗族自治县的安太、安陲、香粉等乡镇。

九万山自然保护区是柳州市重要的生态功能保障区，也是柳州市维持水源涵养、水土保持、生物多样性、洪水调蓄等生态调节功能稳定发挥，保障区域生态安全的区域。区域内自然资源、生物资源、景观资源丰富，是各类野生动物特别是鸟类重要的栖息地，分布有我国二级重点保护野生动物大鲵的重要生境区域，这种完备的原始生态特性具有极高的科考价值、美学价值和生态旅游价值。区域内分布着寻江、贝江等柳江重要支流，其中八江河、林溪河、四甲河、苗江河、白云河等是柳州市重要的饮用水源区，有洋溪水库、落久水库等市级重要水库，同时还是柳州市一级干流柳江的上游区域，该区域对保障柳州市饮水安全和整个柳江流域水质起着重要作用。

一、生态修复原则

柳江流域生态保护与修复应建立和维护生态系统的结构和功能，生态保护修复项目要能见到并取得实际效果，技术上要可行并且要具有可操作性。柳江流域水源涵养和生物多样性保护工程应坚持问题导向和因地制宜原则，在流域森林和生物多样性现状基础上，查找生态环境问题和治理模式，实施保护保育措施、林业生态功能提升措施以及河道水环境综合整治措施等，进行生态保护和修复，并结合流域特点，科学布局生态保护和生态修复工程。

二、工程实施目标及措施

（一）加强对区域内自然保护区、森林公园等的保护力度，保护森林生态系统，维护生物多样性功能。在大鲵等珍贵野生动物分布区域禁止进行采砂、建设等人类活动，保护和修复现有栖息环境，并建立人工繁育基地。

（二）加强山区小流域综合治理和水土保持工作。坚持工程措施、生物措施综合运用，控制山区水土流失，提高水源涵养能力。

（三）保护鱼类、两栖类动物迁徙洄游廊道的畅通。尽力维护溯河洄游性鱼类上下迁徙、繁殖通道的畅通；河岸建设以自然生态型岸线为主，构建滨水河流生态廊道，保证两栖类动物横向迁徙活动的畅通。

（四）调整优化林业产业结构，增加水源涵养林比重，增强江河源头径流和水源涵养能力。

（五）开展农村生活污水、畜禽污染治理工作，控制流域农业面源污染、保护上游重要水源区的水质。

（六）加强饮用水源周围区域的环境保护和治理。按照《饮用水水源保护区污染防治管理规定》及相关法律法规实施最严格的保护措施，保障饮用水安全。

主要的工程技术措施有：生态林征收、水源涵养林建设、水土保持林建设、林分组成优化等。通过政策征收和人工改造等措施，逐步改变该区域长期以杉树林为主要林种的林分状况，增加混生林面积，改善次生林生态状况，增强森林水源涵养能力，以保护生物多样性。

三、典型工程及建设内容

九万山水源涵养和生物多样性保护典型工程及其建设内容见表5-1。

表 5-1 九万山水源涵养和生物多样性保护典型工程及其建设内容

项目名称	序号	项目分区	工程类别	建设内容	单价/万元	单位	工程量	保护修复模式	实施区域
九万山西南麓生物多样性保护项目	1	民洞河分区	保护保育措施	生态林征收	1.5	平方千米	0.332	保护保育、自然恢复	怀宝镇、三防镇
	2			防火瞭望塔建设	2.5	座	2		
	3			森林监测系统	5	套	1		
	4			标识牌安装	0.168	个	125		
	5		林业生态功能提升	水土保持林建设	6	平方千米	1.24	辅助再生	
	6			水源涵养林建设	1.5	平方千米	1.28	辅助再生	
	7			林业有害物监测与防治		项	3	辅助再生	
	8		河道水环境综合整治	生态岸坡垒砌	5	千米	10	生态重塑	
	1	沙坪河分区	保护保育措施	防火瞭望塔建设	2.5	座	1	保护保育、自然恢复	汪洞乡、同练瑶族乡
	2			标识牌安装	0.168	个	120		
	3			森林监测系统建设	5	套	1		
	4			森林巡护便道建设	1	千米	28.3		
	5		人类活动区缓冲带建设	人居缓冲带绿化	15	平方千米	0.207	生态重塑	
	6		林业生态功能提升	水土保持林建设	6	平方千米	1.61	辅助再生	
	7			林分组成优化	12	平方千米	1.72		
	8			水源涵养林建设	1.5	平方千米	1.23	辅助再生	
	9			林业有害物监测与防治	5	项	3		
九万大东麓水源涵养项目	1	河村河分区	林业生态功能提升	水土保持林建设	6	平方千米	1.52	辅助再生	滚贝侗族乡、三防镇
	3			蓄水池、沉沙池建设	5	座	6		
	4			森林巡护便道建设	1	千米	23.3		
	6		河道生态再生	坡面清理	15	平方千米	0.201	生态重塑	
	7			场地平整	20	平方千米	0.226		
	8			生态岸坡建设	0.7	平方千米	0.151		
	9			浆砌石挡墙	0.04	立方米	500.4		
	10			截排水沟建设	4	千米	3.1		
	1	平等河分区	河道水环境综合整治	生态固坡	0.7	平方千米	0.32	辅助再生	汪洞乡、同练瑶族乡、滚贝侗族乡
	2			生态岸坡垒砌	5	平方千米	0.56		
	3			河道综合治理	3	平方千米	0.034		
	4		林业生态功能提升	林分组成优化	12	平方千米	2.03	辅助再生	
	5			水土保持林建设	6	平方千米	0.88		
	6		人类活动区缓冲带建设	裸露山体再生	3	平方千米	0.13	生态重塑	
	7			人居缓冲带绿化	15	平方千米	0.36		
	8		保护保育措施	生态林征收建设	1.5	千米	0.54	保护保育	
	9			防火隔离带	4.5	千米	12		

表5-1（续）

项目名称	序号	项目分区	工程类别	建设内容	单价/万元	单位	工程量	保护修复模式	实施区域
九万山北麓水土保持项目	1	杆洞河分区	林业生态功能提升	水土保持林建设	6	平方千米	1.23	辅助再生	同练瑶族乡、杆洞乡
	2		农田生态功能提升	灌溉渠道建设	30	千米	6.2	辅助再生	
	3			蓄水池、沉沙池	5	座	4		
	4			机耕道建设	2.72	千米	10.8		
	1	大年河分区	农田生态功能提升	机耕道建设	2.72	千米	8.1	辅助再生	洞头乡
	2			灾毁农田修复	12.73	平方千米	0.008		
	3			灌溉渠道建设	30	千米	6.3		
	4			蓄水池、沉沙池建设	5	座	6		
	5			排水沟渠建设	18.16	千米	8.4		
	6		河道水环境综合整治	生态固坡	0.7	平方千米	0.032	辅助再生	
	7			生态岸坡垒砌	5	平方千米	0.059		
	8			河道综合治理	3	平方千米	0.102		
	9		林业生态功能提升	林分组成优化	12	平方千米	1.53	辅助再生	
	10			水土保持林建设	6	平方千米	1.24		
	11		人类活动区缓冲带建设	裸露山体修复	3	平方千米	0.129	生态重塑	
	12			人居缓冲带绿化	15	平方千米	0.101		
	13		保护保育措施	生态林征收	1.5	平方千米	0.53	保护保育	
	14			防火隔离带建设	4.5	千米	16		
元宝山生物多样性保护项目	1	都郎河分区	保护保育措施	标识牌安装	0.168	个	173	保护保育	安太乡、洞头乡
	2			森林监测系统	5	套	2		
	3			封山育林建设	1.5	平方千米	2.26		
	4		河道水环境综合整治	生态岸坡垒砌	5	千米	2.6	辅助再生	
	5		矿山生态环境修复	拆除工程	0.01	立方米	364.6	生态重塑	
	6			坡面清理	15	平方千米	0.008		
	7			场地平整	103.52	平方千米	0.032		
	8			矿区覆土复绿	30.9	平方千米	0.024		
	9			浆砌石挡墙	0.04	立方米	203.2		
	10			截排水沟建设	4	千米	17.5		
	11		林业生态功能提升	水源涵养林建设	1.5	平方千米	0.208	辅助再生	
	12			林业有害物监测与防治	5	项	3		
	1	拱洞河分区	保护保育措施	防火瞭望塔建设	2.5	座	1	保护保育	良寨乡、红水乡
	2			森林监测系统建设	5	套	1		
	3			生态林征收	1.5	平方千米	0.287		
	4		农田生态功能提升	排水沟渠建设	18.16	千米	15.6	辅助再生	
	5		河道水环境综合整治	河道生境改善	3	平方千米	0.154	辅助再生	
	6			生态岸坡垒砌	5	千米	17.6	辅助再生	
	7		林业生态功能提升	水土保持林建设	6	平方千米	0.97	辅助再生	
	8			林分组成优化	12	平方千米	1.45		
	9			水源涵养林建设	1.5	平方千米	1.58	辅助再生	

第二节　石漠化生态修复工程

柳江流域属于典型的喀斯特地貌地区，地貌以岩溶残蚀型峰林平原和峰丛洼地为主，其地处被水力侵蚀的南方红壤区和西南岩溶区。长期以来自然植被不断遭到破坏，大面积的陡坡开荒造成地表裸露，加上喀斯特石质山区土层薄，基岩露出，暴雨冲刷力强，大量的水土流失后岩石逐渐凸现裸露，从而出现石漠化现象。从总体看，柳江流域内岩溶地区石漠化分布情况呈以下特点：一是在中低山区、丘陵、少数民族聚居地，山体坡度较陡，不合理的开采石山资源对岩溶石山区自然、生态环境、土壤植被产生极大损毁，土地岩裸严重，这些地区属强度和中度石漠化地区；二是在山脚或缓坡地带，人们为了解决生产、生活问题，人为地对土地实施珠防林建设、退耕还林、生态公益林建设等保护措施，这些地区呈现出轻度或非石漠化土地的特点；三是在峰谷地区，山势险峻，坡度极陡，人为活动少，但裸岩较为严重，植被综合覆盖度较大，这些地区属典型的潜在石漠化土地；四是平地、盆地地区，当地环境受人类生产、生活影响最重，地势平缓、裸岩较少或以低矮孤峰形式出现，地表植被以经济、粮食作物和经济果木林为主，植被综合覆盖面大，这些地区属典型非石漠化土地。

一、生态修复原则

通过在流域石漠化地区实施林草地建设及草食畜牧业发展工程、小型水利水保措施工程等治理措施，流域石漠化及水土流失得到有效控制，生态恶化的趋势得到有效控制，逐步恢复该地区严重退化的生态系统，生态功能明显增强，治理区生态环境得以改善，农民群众生产、生活条件得到提升。

（一）坚持以科技为支撑，采取生物和工程措施相结合的原则

以生物措施为主，工程措施为辅。

（二）草地建设和草食畜牧业发展工程设计原则

针对小流域农村农户过度散乱放牧导致小流域石漠化形成的现状，依据《广西草食畜禽养殖小区技术规范》，充分结合工程项目养殖情况，修建牛、羊、鹅等栏舍，实行舍饲圈养，有序发展以草食畜牧业为主的养殖业，增加农民收入，提高生活水平。项目建设布局主要为临建建设、人工种草等工程。

（三）小型水利工程设计原则

小型水利工程设计，主要针对小流域项目区现有灌溉渠道因水土流失造成渠道堵塞，过水能力差，渠道尾端的农田灌溉用水得不到保证等现象，重点对现有渠道进行疏通并衬砌防渗，并结合小流域农业生产发展需要，修建田间生产道，改善农业生产条件。

二、工程实施目标及措施

按照石漠化生态修复建设目标的要求，以科学发展观为指导，认真贯彻党

的社会主义新农区精神，坚持"预防为主，科学治理，合理利用"的方针；针对项目区石漠化地区人居环境所面临的突出矛盾和问题，以控制水土流失、遏制土地石漠化、改善生态环境、实现可持续性发展为目标，以科技为支撑，结合生物和工程措施，采取"圈+水+路"的生态治理模式，通过小型水利水保措施和农田基础设施建设，改善石漠化地区农业生产条件，调整土地利用结构；通过实施草食畜牧养殖，发展特色农业，配套适用科技，进而调整石漠化地区农村产业结构，把生态环境建设与经济发展结合起来，促进岩溶地区经济社会可持续发展，创建人与自然和谐相处的生态文明社会。

三、典型工程及建设内容

以柳江流域内某区域石漠化生态修复治理工程为例。该区域主要以碳酸盐岩为主，气候温暖、雨水丰沛且集中，为石漠化的形成提供侵蚀动力和溶蚀条件，同时存在过度樵采、过度开垦、无序放牧等人类干扰活动，造成林草植被严重受毁及土壤流失严重。由于该区域岩溶地区特殊的水土结构特点和长期人为破坏，生态修复工程项目区域内石山裸露，植被稀少，植被生长发育极为缓慢，水土流失严重，土地贫瘠，生态环境不断恶化；降水时间分布不均匀导致雨季洪涝灾害频繁，旱季干旱缺水现象普遍，极干旱年份河流干枯。

该区域石漠化生态修复治理工程的主要工程内容为：灌溉渠道工程1 590米，田间道路工程1 945米，人工造林0.653平方千米，项目碑牌2块，零星建筑工程0.001 8平方千米，附属道路350米。该典型工程主要设计及投资概算如下：

（一）主要设计

1. 田间生产道工程设计

参照中华人民共和国交通部颁发的《公路工程技术标准》（JTG B01-2014）、《公路路线设计规范》（JTG D20-2017）、《公路路基设计规范》（JTG D30-2015）和《农村公路建设指导意见的通知》（交通部公交法〔2004〕372号）附件"农村公路暂行技术要求"。

田间生产道采用旧路改造，对部分崩塌路段的路基进行砌筑，对路面开挖并回填渣土压实，然后铺筑泥结石路面。田间生产道路采用厚200毫米泥结石路面，田间生产道路路面净宽2.7米或3.7米，两侧各设宽400毫米的M7.5浆砌石路肩。田间生产道典型设计断面如图5-1所示。

2. 渠道工程设计

渠道工程设计利用现有土渠，修复渠道局部的坍塌情况，通过"三面光"工程来减少渠道的渗漏，通过人工清淤来提高渠道的过流量。引水渠道典型设计断面如图5-2所示。

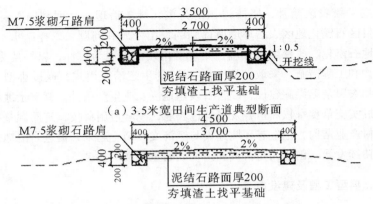

（a）3.5米宽田间生产道典型断面

（b）4.5米宽田间生产道典型断面

图 5-1　田间生产道典型设计断面

（图中单位：毫米）

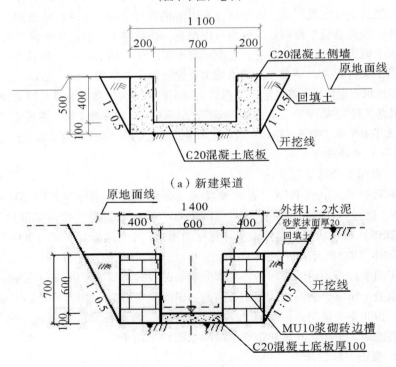

（a）新建渠道

（b）原土渠改造

图 5-2　引水渠道典型设计断面

（图中单位：毫米）

（二）投资概算

工程总投资为 499.67 万元。其中：工程费用 364.09 万元，独立费用 121.02 万元，基本预备费 14.55 万元。工程费用中，草食畜牧业发展项目费用为 99.42 万元，小型水利水保措施工程费用为 142.67 万元。投资概算如表 5-2 所示。

表 5-2　某区域三漠化生态修复治理工程投资概算

序号	工程或费用名称	建设数量	工程费用/万元	设备购置费用/万元	独立费用/万元	合计/万元
一	建筑工程	—	361.67	—	—	361.67
（一）	小型水利水保项目	—	142.67	—	—	142.67
1	小流域水利水保项目	—	142.67	—	—	142.67
2	灌溉渠道工程/米	1 590	35.09	—	—	—
3	田间道路工程/米	1 945	107.58	—	—	—
（二）	林业植被建设项目	—	119.58	—	—	119.58
1	人工造林/平方千米	0.653	118.58	—	—	—
2	项目碑牌/块	2	1.00			
（三）	草食畜牧业发展项目	—	99.42	—	—	99.42
1	零星建筑工程/平方米	1 800	84.81	—	—	—
2	附属道路工程/米	350	14.61	—	—	—
二	机电设备及安装工程	—	—	—	—	—
三	金属结构设备及安装工程	—	—	—	—	—
四	临时工程	—	2.42	—	—	2.42
（一）	大定河小流域	—	1.43	—	—	1.43
（二）	草食畜牧业发展项目	—	0.99	—	—	0.99
五	独立费用	—	—	—	121.02	121.02
（一）	建设管理费	—	—	—	59.05	—
（二）	生产准备费	—	—	—	—	—
（三）	科研勘察设计费	—	—	—	42.61	—

表5-2（续）

序号	工程或费用名称	建设数量	工程费用/万元	设备购置费用/万元	独立费用/万元	合计/万元
（四）	建设及施工场地征用费	—	—	—	—	—
（五）	其他	—	—	—	19.36	—
	一至五部分投资合计	—	364.09	—	121.02	485.11
	基本预备费（3%）	—	—	—	—	14.55
	价差预备费	—	—	—	—	—
	工程部分总投资	—	—	—	—	499.67
	静态总投资	—	—	—	—	499.67
	总投资	—	—	—	—	499.67

第三节　矿山生态修复工程

柳州市矿产资源开采历史悠久，遗留的生态环境问题较多。部分采矿山位于各类保护区、交通干线及城镇周边人类活动频繁区，矿山点多、面广、分布不集中、规模小，开采方式粗放，矿山开采作业不规范，尤其是露天开采矿山未遵循相关规范，大多数矿山是以半机械化为主的小矿，开采方式简单，技术条件差，矿山地质环境历史欠账太多，存在"三废"不达标，遗弃土地未复垦，次生地质灾害未及时治理等问题，导致矿山地质环境恢复治理和土地复垦工程进展缓慢，工作任务重、难度大。截至2020年年底，柳州市已调查废弃矿山共501处，其中柳州市城区（包括鱼峰区、柳南区、城中区和柳北区）共121处，矿区面积为5.7075平方千米；柳江区共64处，矿区面积为11.6735平方千米；三江县39处，矿区面积为0.3824平方千米；融水县56处，矿区面积为1.2933平方千米；融安县70处，矿区面积为162.82平方千米；鹿寨县65处，矿区面积为3.6058平方千米；柳城县86处，矿区面积为2.2828平方千米。

一、生态修复原则

（一）生态优先，系统修复，以自然恢复为主、人工修复为辅的原则

坚持生态优先、绿色发展，尊重自然规律、经济规律、社会规律和城乡发展规律。坚持节约优先、保护优先、以自然恢复为主的方针。矿山生态修复须坚持节约优先，因为每一度电、每一滴水背后都存在着资源环境代价。对废弃矿山渣堆的处理，应以自然恢复为主，尽量采用"基于自然的解决方案"来开展修复。

（二）宏观和有限修复的原则

矿山修复要树立矿山生态修复的大局观、全局观，须坚持"山水林田湖草是生命共同体"的理念，着眼于更为宏观的时空尺度来考量整个工程。急于求成、做表面文章的修复工程常功亏一篑。成功的修复并非几年之功，需要十年甚至更长时间才能看到效果。同时结合矿山所处的区域、位置以及生态适宜性来设定生态修复目标，避免过度修复。

（三）"谁损毁，谁复垦""谁投资，谁受益"的原则

废弃矿山生态修复存在历史欠账多、现实矛盾多、投入不足等突出问题，按照党的十九大"构建政府为主导，企业为主体，社会组织和公众共同参与的环境治理体系"的要求，坚持"谁损毁，谁复垦""谁投资，谁受益"原则，通过政策激励，吸引各方投入，推行市场化运作、科学化治理的模式。

（四）实事求是，因地制宜，突出重点，统筹推进的原则

科学合理地指导和有计划、分步骤地安排全市矿山生态修复工作；加强对重点区域的废弃矿山生态环境调查、监测和监督管理，加快实施重点治理区废弃矿山生态修复工程，控制矿山环境污染和破坏。加快完善制度，严格监督管理，加强技术支撑，创新工作机制，全面、协调地推进矿山生态环境保护与治理。

二、工程实施目标及措施

对于远离"三区两线"（自然保护区、风景名胜区、城市建设规划区、重要交通干线和河流沿线）的矿山，地质灾害安全隐患小，没有固定危险，工程采取以自然恢复为主的修复方案。

对于位于"三区两线"内的工程生态系统和地质环境条件破坏严重或较严重的矿山，采取的工程措施以矿山生态系统修复和土地复垦与综合利用为重点，结合地形地貌进行景观重塑和消除地质灾害隐患。当矿山需要工程治理时，考虑现场施工环境、矿山资源的类型，针对性采取生态修复式、治理性开采式的模式等，使项目投资、治理目标和矿山残余资源的开发使用得到平衡。

（一）废弃工矿土地整治与综合利用

针对矿山土地资源的占用与破坏和固体废弃物排放的问题，根据生态修复区土地利用规划，结合矿山现有条件综合考虑土地复垦后的可开发条件，对于城镇周边被列入城乡建设规划区的区域可优先考虑复垦为建设用地，如柳州市洛维高望山，鹿寨县中渡镇恒利石场，融安县神龙采石场，融水县欧阳忠、桃源和横山采石场。然后根据条件可考虑复垦为旱地，如柳江区新兴乐都采石场，柳城县乌鸾、谢军雄、太公洞和洞诺屯采石场，鹿寨县中渡镇兴友石场。最后根据原地类恢复为林地，如融安县亚新铁矿。

（二）地形地貌重塑与生态系统修复

位于城市周边或交通干线（高速公路、铁路）和大江大河旁的矿山，将地形地貌重塑与生态系统恢复相结合，即在现有地形地貌基础上恢复山体植被，重建生态系统，使之与周边自然景观融合，达到修复的目的。具体的设计方案根据矿山开采边坡形态，分别采用生态袋、客土种植槽和混喷植生技术进行边坡复绿。

（三）地质灾害治理

矿山生态修复工程首先开展地质灾害治理，拟治理的矿山存在地质灾害是危岩，人工开采边坡存在大量的危岩，其主要形态为爆破开采残留的碎裂化危岩和散落在陡坡上的滚石、浮石。治理设计方案是采取清除与加固相结合的方式，清除的设计根据现场施工条件来决定，如有条件的可采取削坡形成台阶式边坡，周边有居民点无法满足爆破施工的可采取二氧化碳致裂、静态爆破、人工清除的方式进行。加固方案可采取主动防护系统、锚杆和预应力锚杆（索）锚固、钢筋混凝土加固等措施。另外在学校、居民区等重要建筑物分布区，可在适当位置布设被动防护网、落石槽、拦石坝等被动防护措施。

三、典型工程及建设内容

以某铁矿生态修复工程为例。该矿山为历史遗留无主矿山。矿山开采边坡陡立，强降雨对坡面冲刷作用大，表土无法在边坡上保留，因此植被难以生长；其他生产设施场地除尾矿库外，场地表面基本以碎石为主，植被难以生长，没有自然修复的能力。矿区主要由1号采场区及2号采场区、尾矿库、工业场地、1号排土场及2号排土场、堆矿场和生活区组成。

该矿山生态修复工程主要以自然恢复为主、人工修复为辅，以期达到节约资金且保证生态修复的目的。

（一）矿山现状

矿山原来采用露天开采，采场区开采边坡最高达45米。大面积基岩裸露，造成植物无法生长，微地貌改变较大。矿山开采带来的生产、生活设施对地形地貌破坏也较大。矿山部分现状如图5-3、图5-4所示。

图5-3　1号采场区现状

图5-4　1号排土场现状

（二）生态修复工程措施

1.1号采场区及2号采场区：消除采场边坡存在的危岩地质灾害隐患，采用放坡、回填采坑混喷植生技术进行边坡复绿，在绿化区形成乔、藤和草本的混生植物群落，使破坏的山体植物达到 90% 以上的覆盖率，恢复为有林地。

2. 尾矿库：沿尾矿库西北面修建截排水沟，在尾矿库南面修建拦渣坝，恢复为旱地，东面岩质边坡进行表土回填进行绿化。

3. 工业场地：沿工业场地南面修建挡土墙，平整土地恢复为有林地。

4. 1 号排土场及 2 号排土场：沿 1 号排土场及 2 号排土场下方修建挡土墙，恢复为有林地。

5. 堆矿场：平整土地恢复为有林地。

6. 生活区：根据工程土地利用规划，生活区恢复为有林地及建设用地。

（三）投资概算

工程总投资为 1 878.74 万元。其中：工程费用为 1 557.34 万元，独立费用为 231.94 万元，基本预备费为 89.46 万元。工程费用中，边坡及平台修整费用为 72.21 万元，绿化工程费用为 1 475.54 万元，养护费用为 9.59 万元。投资概算如表 5-3 所示。

表 5-3　某铁矿生态修复投资概算

编号	工程或费用名称	工程费用 /万元	设备购置费用 /万元	独立费用 /万元	合计 /万元	占总投资比例/%
一	建筑工程	1 557.34	—	—	1 557.34	87.04
（一）	边坡及平台修整	72.21	—	—	72.21	—
（二）	绿化工程	1 475.54	—	—	1 475.54	—
（三）	养护	9.59	—	—	9.59	—
二	机电设备及安装工程	—	—	—	—	—
三	金属结构设备及安装工程	—	—	—	—	—
四	临时工程	—	—	—	—	—
五	独立费用	—	—	—	231.94	12.96
（一）	建设管理费	—	—	—	103.77	—
（二）	生产准备费	—	—	—	14.49	—
（三）	可研勘察设计费	—	—	—	80.98	—

表5-3（续）

编号	工程或费用名称	工程费用/万元	设备购置费用/万元	独立费用/万元	合计/万元	占总投资比例/%
（四）	建设及施工场地征用费	—	—	—	—	—
（五）	其他	—	—	—	32.70	—
	一至五部分投资合计	1 557.34	—	231.94	1 789.28	100
	基本预备费	—	—	—	89.46	—
	静态总投资	—	—	—	1 878.74	—
	价差预备费	—	—	—	—	—
	建设期融资利息	—	—	—	—	—
	总投资	—	—	—	1 878.74	—

第四节　水环境保护与综合整治工程

柳江干流总体水质较好，但城市内河的新圩江、响水河、莫道江、竹鹅溪、香兰河、交雍沟、官塘冲、浪江水质出现不同程度的超地表水Ⅲ类情况，水质较差。其主要原因：一是城市污水处理厂能力不足，管网雨污分流不彻底，管网破损、堵塞导致污水渗漏、地下水渗入。二是农村生活污水处理设施有待建设或扩建改造，早期建设的农村污水处理设施普遍存在设施老化和管网漏损问题，部分农家乐集聚区农村污水处理设施终端在旅游旺季超负荷运行。三是农业面源污染范围广、治理难度大。四是船舶码头污水、垃圾、废油等收集转运配套不健全，柳江存在船舶污水垃圾转移意愿不强，基础设施不足的问题。镇级和农村饮用水水源保护区警示、保护标志和隔离设施尚不完善，水源保护区水质存在安全隐患。县级以下监测覆盖率低、区域内整体不平衡，难以满足实行最严格水资源管理制度对监测工作的要求。

在水环境保护与综合整治工程方面，要深入贯彻习近平总书记生态文明思想，统筹水资源、水生态、水环境，以实现"有河有水、有鱼有草、人水和谐"的愿景。结合柳州市实际，坚持问题导向与目标导向，坚持继承发扬、求实创新、落地可行，以水生态环境质量为核心，污染减排和生态扩容两手发力，统筹水资源利用、水生态保护和水环境治理，创新机制体制，一河一策精准施治，着力解决群众身边的突出问题，持续改善水生态环境。科学设置生态修复规划目标，围绕目标实现，搞清楚问题在哪里、症结在哪里、对策在哪里、落实在哪里，编制管用好用、能够解决问题的规划要点成果，确保目标如期实现。

一、生态修复原则

水环境保护与综合整治工程方案应坚持以水环境质量改善为目标导向，以水质达标倒逼任务措施，科学制定达标路线图和时间表，强化科学决策与系统施治，全面涵盖污染减排、环境承载力提升和水生态修复等措施。以水环境质量改善为主线，强化水质达标任务措施。明确分区域、分流域的质量改善目标和主要任务，落实各区政府环境质量改善责任，实施精准治理。

坚持"山水林田湖草是生命共同体"理念，综合运用控源减排、循环利用、生态修复、强化监管等多种手段，以解决实际问题为导向，查找分析原因、科学确定目标、研究提出对策，淡化常规性、一般性任务要求，突出针对性、差异性、可操作性任务要求，制定因地制宜的治理方案。坚持水环境、水资源和水生态统筹的系统思维，加强部门协作，构建水质、水量、水生态统筹兼顾、多措并举、协调推进的格局。

（一）"三水"统筹，系统治理

坚持"山水林田湖草是生命共同体"理念，统筹"三水"（水资源、水生态、水环境），系统推进工业、农业、生活、航运污染治理，河湖生态流量保障，生态系统保护修复和风险防控等任务。

（二）突出重点，有限目标

以柳州市城区水系连通受阻、支流减脱水严重、重点支流水质污染、生态环境遭到破坏等生态环境问题为重点，提出切实可行的目标。

（三）实事求是，因地制宜

客观分析当地水生态环境质量状况、生态环境保护工作基础和经济社会发展现状，结合柳州市各控制单元水资源禀赋等不同特点，系统设计有针对性的任务措施。

二、工程实施目标及措施

在水环境保护与综合整治工程中，主要利用植物或者植物与土木工程相结合，坚持自然性和完整性相结合的原则，以保护为前提，资源利用以不破坏和不污染生态环境为目标，在可持续发展观念的指导下，以建立人与自然和谐相处为目标，在防止河岸坍塌之外，还应使河水与土壤相互渗透，增强河道自净能力，产生一定自然景观效果，对河道坡面进行防护，从而增加水体环境的景观度，构建水陆良好生态系统。

河道或坑塘岸坡需满足以下几个方面：

第一，在满足行洪排涝要求的基础上，保证岸坡的稳定，防止水土流失；

第二，水域是开放式的系统，它是与周围生态系统密切联系的，不断与周围生态系统进行物质交换；

第三，水生态系统是整个生态系统（包括自然生态系统和社会生态系统）的一个子系统。它与其他生态系统之间是相互协调、协同发展的，它的生态功能好坏直接影响其他生态子系统功能的发挥，甚至还会破坏其他生态系统；

第四，岸坡必须能够营造一个适合陆生植物、水陆两生植物、水生动植物生长的生命环境；

第五，工程上要尽量减少刚性结构，增强护坡在视觉中的"软效果"，美化工程环境。

水环境保护与综合整治工程河道断面如图5-5所示。

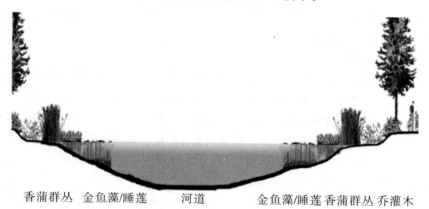

　香蒲群丛　金鱼藻/睡莲　　　河道　　　金鱼藻/睡莲 香蒲群丛 乔灌木

图5-5　水环境保护与综合整治工程河道断面

三、典型工程及建设内容

以流域内某小流域水环境整治工程为例。该小流域内的塘库已被列为柳州湿地公园的重要组成部分［《柳州市湿地保护总体规划（2017—2035）》（柳政规〔2018〕64号）］。湿地公园位于柳州市北部生态新区南端，规划面积为

6.000 8 平方千米，资源条件优良，意义十分重要。湿地公园所在的柳州北部生态新区是柳州市未来实现跨越式发展的重要经济增长极，将打造成以城带乡、城乡互动、生态休闲的新型城镇化建设示范新区和智慧城市新区。水环境整治工程作为柳州市湿地公园的组成部分，以所在乡村的河道、坑塘及周边水产养殖场湿地为主体，包括周边林地等。

（一）主要生态修复措施

生态河道具有良好的整体景观效果、合理的生态系统组织结构和良好的运转功能，对长期或突发的扰动能保持着弹性、稳定性以及一定的自我恢复能力。河道整体功能表现出多样性、复杂性，能够满足所有受益者的合理目标要求。工程主要采用的驳岸形式如下：

1. 生态型驳岸

生态型驳岸主要规划在河流离城市、乡镇 500 米以外的河段及其他坡度较缓且对防洪要求不高的支流河段。通过营造近自然状态下的植被群落来保护河岸，以保持河流的自然堤岸特性，通过植被发达的根系来稳固堤岸。该类河流型水岸主要有调节洪水，过滤污染物，控制氮、磷，控制养分流失，截获农田土壤流失以及保护生物多样性的多种生态功能。

生态型驳岸建设模式为：河流水面→沉水植被→挺水植被→湿生草甸→灌草地→少行乔木林→灌草地→多行乔木林带。建设要点：主要考虑生态功能的发挥和原生态景观的营造。

2. 自然型驳岸

自然型驳岸主要规划于有一定坡度和冲蚀较严重且对防洪要求较高的区域，在自然原型河岸的基础上，采取一定的生态人工措施以增强防洪能力。按驳岸原有生态位的植被模式进行补充和重植，采用天然石材、木材护底，如在坡脚采用石笼、木桩或浆砌石块，设置鱼巢等护底，以增强堤岸抗洪能力，其上筑有一定坡度的土堤，斜坡种植植被，实行乔灌草相结合，固堤护岸，然后种植乔木以及草、灌、乔结合林带，以发挥其调节洪水，过滤污染物，控制氮、磷，控制养分流失，截获农田土壤流失以及保护生物多样性的多种生态功能。

自然型驳岸建设模式为：河流水面→石头或树桩护堤（石笼、树桩、浆砌石块）→灌草地→少行乔木林→灌草地→多行乔木林带。建设要点：在考虑防洪同时，主要考虑生态功能的发挥，同时兼顾景观效果的营造。

典型河道左右岸断面设计如图 5-6 所示。

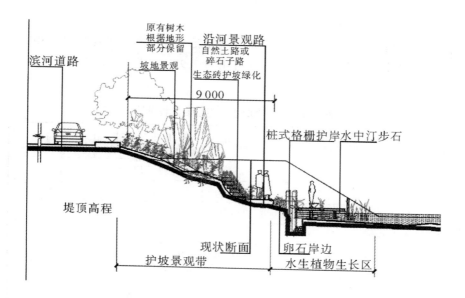

（a）典型河道左岸断面

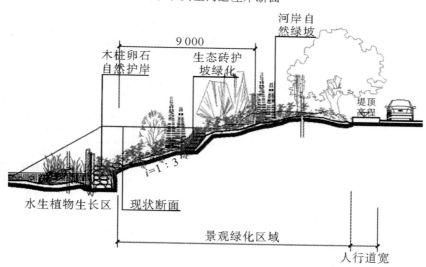

（b）典型河道右岸断面

图 5-6　典型河道左右岸设计断面

（二）投资概算

根据工程投资概算，该小流域水环境整治工程静态总投资为 183.801 万元。工程费用为 175.886 万元，独立费用为 7.915 万元。投资概算如表 5-4 所示。

表 5-4　某小流域水环境整治工程概算

序号	工程费用名称	工程数量	单价/元	合计/万元	说明
一	工程措施	—	—	175.886	—
（一）	土石方工程	—	—	18.894	—
1	场地平整/平方米	23 000	5	11.5	
2	土方开挖/立方米	604.64	18.01	1.09	
3	石方开挖/立方米	309.36	129.05	3.99	
4	土方回填/立方米	910	25.42	2.31	
（二）	岸坡工程	—	—	38.37	
1	杉木桩/根	223	240	5.35	
2	卵石填铺/立方米	356.2	642	22.87	
3	生态砖护坡/平方米	423	240	10.15	
（三）	植物工程	—	—	115.499	
1	土球植苗栽种/株	154	400	6.16	
2	挺水植物1区/平方米	233.4	240	5.60	黄花鸢尾，16 丛/平方米，每丛 3~4 株
3	挺水植物2区/平方米	122.4	240	2.94	美人蕉（红花、黄花、粉花），16 丛/平方米，每丛 1~2 株
4	客土喷播草籽/平方米	8 400	120	100.8	
（四）	养护工程	—	—	3.12	
1	植物维护补种/次	2	3 000	0.6	
2	三级养护/平方米	8 400	3	2.52	
二	独立费用	—	—	7.915	
（一）	建设管理费	—	—	2.638	
（二）	基本预备费（3%）	—	—	5.277	

表5-4(续)

序号	工程费用名称	工程数量	单价/元	合计/万元	说明
	价差预备费	—	—	—	—
	静态总投资			183.801	
	总投资		—	183.801	—

第五节　土地整理及质量提升工程

柳江流域实施土地整理及质量提升工程的目的主要是解决五个问题：一是通过对未利用土地的整理以及废除状况破旧和规划不合理的生产路、水渠及其他用地（包括不稳定耕地）等达到新增耕地目的，再通过平整土地，使项目区的荒草地及其他未利用土地（包括不稳定耕地）变为耕地，提高土地利用率；二是解决项目区现有灌溉排水设施不完善的问题，使项目区现有的不能满足灌溉和排水需求的问题得到解决，项目建设完成后，将建立起完善的灌排体系；三是解决项目区内部分区域机耕道路条件较差的问题，项目建设完成后，将建立起完善的交通路网体系，为项目区发展奠定坚实的基础；四是完善居民点生活区附近的道路、排水设施，大幅提高农民群众的生活条件和生活水平；五是将部分拆旧区复垦为耕地，增加耕地面积，提高耕地质量。

一、生态修复原则

施工总体布置应遵循"因地制宜、因时制宜"和利于生产、生活、管理的原则。项目安排施工时，要把对农业生产的影响减少到最低，此外，合理安排料场、生产生活等临时设施。

第一，符合工程土地利用总体规划和整理及质量提升规划，强调服从国家长远利益、宏观利益。

第二，依据技术经济合理的原则，兼顾自然条件与土地类型，选择整理及质量提升的用途，因地制宜，综合治理。宜农则农，宜林则林，宜草则草。在条件允许的地方，应优先整理及质量提升为耕地或农用地。

第三，土地整理及质量提升后地形地貌与当地自然环境和景观相协调。

第四，保护土壤、水源和环境质量，保护文化古迹，保护生态，防止水土流失，防止次生污染。

二、工程实施目标及措施

（一）田块设计

土地平整以提高机械耕作效率、田块平整度、灌溉均匀度以及排水通畅变为目的。项目区土地平整范围是对项目区耕地进行平整，林地、果园维持现状不变。尽可能增加有效耕地面积，合理分配土方，以填挖土方量最小为基本原则并尽量减少水土流失。土地平整以提高机械耕作效率、田块平整度、灌溉均匀度以及排水通畅变为目的。

（二）灌溉与排水

项目区农田水利工程总体采用"灌排分离"的设计模式，田块设置考虑项目区土石山区地势的特点以及未来农业机械化和农田规模经营的要求，同时结合当地种植经验进行布置。渠道布置充分考虑项目区地形布设，同时遵循充分利用原有水利设施和投资最少原则，采用单向灌排、灌渠和排水沟分离的布置。

（三）田间道路

项目区道路系统主要为农业生产服务，在设计时要考虑项目区周边的环境和原有的道路系统，在充分利用现有道路的基础上，重新规划项目区内的田间路和生产路。田间路的设计遵循以下原则：①路线最短，联系简捷；②道路纵坡、弯道半径等技术指标符合有关技术要求；③修建田间路与生产路、规划田块、居民点等相协调，有利于田间生产管理；④结合原有道路综合布局，尽量修复利用原有道路。

三、典型工程及建设内容

典型工程以柳州市某镇土地整治项目为例。该镇位于广西柳州市东郊，距离市中心 15 千米。项目区排水设施不完善，洪涝灾害年年发生，由于项目区灌溉设施不完善，机耕道路不完善，项目区土地利用效率有限。项目重点在于通过土地翻耕、地力培肥等工程措施，提高项目区耕地土壤肥力，并通过修建灌溉与排水工程和田间道路工程以改善项目区群众生产、生活条件，让当地群众真正受益，同时有利于社会主义新农村建设，推进农业现代化建设，促进农村精神文明建设和农民文化素质的提高，有利于社会的长治久安和全面发展。

（一）项目建设内容及土地利用结构

项目实施规模为 103.259 1 平方千米，建设内容主要包括土地平整工程、灌溉与排水工程、田间道路工程、农田防护和生态环境保持工程。土地平整工程建设内容包括：表土剥离 0.826 51 平方千米，土地翻耕 0.826 51 平方千米，土壤培肥 0.826 51 平方千米。灌溉与排水工程建设内容包括：修建斗渠 8 189 米，农渠 21 331 米，排水沟 6 573 米，农沟 7 167 米，提水泵站 3 座，拦水坝 20 座。田间道路工程建设内容为改建田间主道 25 583 米。农田防护和生态环境保持工程建设内容为建设生态型农田防护墙 6 029 米。

根据第三次全国国土调查统计结果，该项目区土地利用结构如表 5-5 所示。

表 5-5　某镇土地整治项目区土地利用结构统计

一级地类	二级地类	地类编码	面积/平方千米	比重/%
耕地	小计	1	1.0648	1.03
	水田	101	0.9327	0.90
	旱地	103	0.1321	0.13
园地	小计	2	16.8909	16.36
	果园	0201	15.9314	15.43
	可调整果园	0201K	0.8316	0.81
	其他园地	0204	0.0964	0.09
	可调整其他园地	0204K	0.0316	0.03
林地	小计	3	78.1630	75.70
	乔木林地	0301	64.6413	62.60
	竹林地	0302	0.7204	0.70
	灌木林地	0305	4.4202	4.28
	其他林地	0307	8.3595	8.10
	可调整其他林地	0307K	0.0216	0.02
草地	小计	4	0.4677	0.45
	其他草地	404	0.4677	0.45
商服用地	小计	5	0.0705	0.07
	物流仓储用地	508	0.0589	0.06
	商业服务业设施用地	05H1	0.0116	0.01

表5-5（续）

一级地类	二级地类	地类编码	面积/平方千米	比重/%
工矿仓储用地	小计	6	0.3987	0.39
	工业用地	601	0.1747	0.17
	采矿用地	602	0.2240	0.22
住宅用地	小计	7	1.1587	1.12
	城镇住宅用地	701	0.0100	0.01
	农村宅基地	702	1.1487	1.11
公共管理与公共服务用地	小计	8	0.0801	0.08
	公用设施用地	809	0.0030	0.00
	公园与绿地	810	0.0005	0.00
	机关团体新闻出版用地	08H1	0.0182	0.02
	科教文卫用地	08H2	0.0584	0.06
特殊用地	小计	9	0.0047	0.00
	特殊用地	9	0.0047	0.00
交通运输用地	小计	10	1.4234	1.38
	铁路用地	1001	0.4096	0.40
	公路用地	1003	0.6300	0.61
	城镇村道路用地	1004	0.0186	0.02
	交通服务场站用地	1005	0.0004	0.00
	农村道路	1006	0.3647	0.35
水域及水利设施用地	小计	11	3.4666	3.36
	河流水面	1101	2.9793	2.89
	坑塘水面	1104	0.1642	0.16
	养殖坑塘	1104A	0.0326	0.03
	可调整养殖坑塘	1104K	0.0065	0.01
	内陆滩涂	1106	0.0036	0.00
	沟渠	1107	0.2609	0.25
	水工建筑用地	1109	0.0194	0.02

表5-5(续)

一级地类	二级地类	地类编码	面积/平方千米	比重/%
其他用地	小计	12	0.0699	0.07
	设施农用地	1202	0.0646	0.06
	裸土地	1206	0.0034	0.00
	裸岩石砾地	1207	0.0019	0.00
总计			103.2589	100.00

（二）项目设计

1. 土地平整工程

土地平整执行《广西壮族自治区土地开发整理工程建设标准（试行）》要求的同时，根据现有地形条件进行土地平整，具体为：

（1）荒草地的平整

结合附近田块高程，对缓坡的荒草地进行开垦，采用机械进行平整造地，田块基本沿等高线划分并砌筑田坎。田块划分以尽量并入周围田块为主。格田地面高差控制在-3~3厘米；坡向一致，田块地面坡度控制在5度以内，提高土块保水保肥能力，平整后土料容重土为1.35吨/立方米，砾石含量小于7%。

（2）沟渠占地的平整

应当地居民代表讨论意见要求，保留不涉及施工改建的原有沟渠，仅对改建原有沟渠时出现的过宽水沟进行填平，而此部分工程量相对较小，故纳入改建沟渠的工程量计算中。

（3）生产路、水渠及其他未利用地等复垦地的平整

结合附近田块高程，对复垦地进行整理，采用机械平整，并根据周边排灌条件平整为旱地、水浇地或水田，田块基本沿等高线划分并砌筑田坎。

2. 农田水利工程

（1）由于项目区处于低山丘陵区，水稻灌溉设计保证率为90%，蔬菜灌溉设计保证率为85%。

（2）按当地经验，稻田自流灌溉模数取1.2立方米/秒·平方千米，菜地自流灌溉模数取0.25立方米/秒·平方千米。

（3）排水标准的设计暴雨重现期采用10年一遇，设计暴雨历时和排除时间：水稻灌区采用1天暴雨3天排至耐淹水深，菜地灌区采用1天暴雨2天排至耐淹水深。

（4）水稻田设计排渍深度为0.8米；菜地设计排渍深度为0.6米，耐渍时

间为 3 天，设排渍模数为 0.03 立方米/秒·平方千米。

（5）渠系水利用系数为 0.76，渠顶超高为 1/4 设计水深加 0.2 米。

（6）渠道过水断面采用梯形断面，由于水渠采用水泥砂浆砌筑片石，2 厘米水泥砂浆抹面，渠道糙率系数取 0.012。

（7）为减少渗漏和防止边坡塌方滑动，在容易发生边坡塌方部位采用 M7.5 水泥砂浆砌片石挡土墙，所有的渠底均现浇 C15 混凝土，厚度为 8 厘米，部分为 10 厘米。当无法采用以上措施解决渗漏和边坡塌方的问题时，采用钢筋混凝土圆管方法，管径经计算确定。

3. 道路工程

田间道路工程要求满足新农村建设标准、便于农民出行与田间管理的原则。布设田间主道、次道以及生产路三个级别。

田间主道是连接各村庄之间、村庄与公路之间的道路，以通行普通载客小汽车、载重货车及农用运输车，农业机械为主。

道路修筑参照国家交通部颁发的《公路线形设计规范》以及《广西壮族自治区土地开发整理工程建设标准（试行）》设计，田间主道路面宽度为 6 米，田间次道路面宽度为 4 米，生产路路面宽度为 2.5 米。田间主、次道纵向坡度一般不超过 5%，路基的压实量不小于 91%。

（三）投资概算

项目概算由工程施工费、设备购置费、其他费用（包括前期工作费、工程监理费、竣工验收费、拆迁补偿费、业主管理费）、不可预见费组成。其中直接工程费的收取标准为：

1. 根据最新颁布预算定额标准《土地开发整治项目预算定额标准》（2011年）确定人工费预算定额标准：甲类工资为 51.04 元/工日，乙类工资为 38.84 元/工日。

2. 材料价格取用《柳州市建设工程造价信息》（2021 年 3 月）价格。

3. 采用财政部经济建设司、国土资源部财务司编制的《土地开发整理项目施工机械台班费定额》（2011 年）里的施工机械台班费定额进行计算。

项目概算总投资为 10 531.86 万元，其中工程施工费为 8 190.03 万元，占总投资的 77.76%；设备购置费为 75.30 万元，占总投资的 0.71%；其他费用为 1 959.78 万元，占总投资的 18.61%；不可预见费为 306.75 万元，占总投资的 2.91%。项目投资概算详见表 5-6。

表 5-6　项目投资概算

序号	工程或费用名称		概算金额/万元	各项费用占总费用的比例/%
1	工程施工费	土地平整工程	2 586.63	77.76
		灌溉与排水工程	2 612.91	
		田间道路工程	1 991.50	
		农田防护与生态环境保持工程	998.99	
2	设备购置费		75.30	0.71
3	其他费用		1 959.78	18.61
4	不可预见费		306.75	2.91
总计			10 531.86	

第六节　林业生态修复工程

现代林业作为国民经济中一项非常重要的基础性产业和公益事业，它不仅是国民经济的重要组成部分，同时还具有生态环境保护、调节气候和国家土地安全保护等重要作用。在巨大的森林生态系统里，其生态价值远比林木资源的经济价值更大。在现阶段，柳江流域林业还存在的问题有：

第一，设施薄弱，经营粗放。

第二，林区道路和森林防火设施建设落后，交通不便。

第三，林业投入虽有较大增长但总量仍然不足，经营粗放，营林生产利润较低。

第四，花卉产业起步晚，经营水平和科技含量不高，存在技术和管理人才紧缺等问题。

第五，林业企业用地紧缺、稳定性差、投资风险大等因素制约着林业企业的发展。

第六，林种结构不尽合理。在人工造林面积中，品种偏少，单品种纯林多，混交林少；生产周期长的用材林多，短轮伐期的速丰林、竹林、经济林相对较少；特别是有的地方针叶纯林比较连片集中，既不利于生态效益的持续发挥，也不利于森林防火和森林病虫害的防治，部分森林资源质量不高。

第七，由于历史原因，一些老林区的森林，林木蓄积量增长的幅度比不上新林区面积的增长幅度，单位面积蓄积量有所下降，大径级木材越来越少；低产林和残次林偏多，一些次生天然林被人为因素的侵扰导致生态防护功能有所降低。

一、生态修复原则

（一）改造总体原则

森林生态资源应优先保护，林分优化与脆弱林地同步改造，生态可持续和森林游憩共享共建、协同推进。

（二）建设原则

政府引导，行业指导，群众参与，保护优先，兼顾游憩休闲、坚持森林特色。

（三）内涵原则

发挥片区森林用地空间优势，打造"山、水、田、园、林、路"的多基质、多维度时空聚集，突出整体森林生态功能，彰显山水景色和森林文化传承。

（四）布局原则

合理筛选改造节点，确定生态改造技术，理顺核心区、控制区林种问题，增补乡村生态湿地建设与石山生态修复，保证点线面均考虑到，并形成景观序列及生态游憩板块。

（五）实施原则

因地制宜地推进林地空间景观质量提升，根据林地类型、林权情况，分期分批实施。

（六）差别原则

注意生态、环境、经济、社会协同发展，兼顾周边村屯。特别是要分清人工商品林与生态公益林，原则上道路两侧、主要游览区域、已规划为旅游集散地、乡村旅游等区域作为景观区来考虑，其他区域结合立地条件统一考虑恢复为生态公益林；不在景观视感面或不影响立面风景的地块（如现有桉树林或其他单层纯林）可划为后续分期处理；一些原有的果林（如柚子林、板栗林、沙梨林、砂塘橘林、蓝梅林等）多为群众建植，应保护为好，不宜再强化改造；沟谷地延伸的野蕉林、阴生杂灌林、竹林以及群众组建的中草药园（如天门冬）等继续保留并加以保护。

二、工程实施目标及措施

（一）加强森林资源保护修复，提升森林生态系统功能

全面加强生态公益林和天然林的保护，修复地带性森林群落，增强森林的水源涵养和水土保持功能，构建森林生态保护屏障。调整森林林种资源结构与商品林分布格局，改善林分质量，促进森林蓄积量、森林植被碳密度、总碳储量的逐步增长，提升森林碳汇能力。加强对森林资源保护修复活动的监督管理，建立森林资源基础档案和数据管理平台，强化森林资源管理基础性工作。重点推进柳州北部九万山—元宝山等森林资源保护修复，提升森林生态系统质量和稳定性，增强森林水源涵养能力。

（二）优化森林资源结构，开展林业提升工程

在柳江流域开展林业生态修复与提升工程，加强对天然林、水源林和防护林的保护管理，通过封育恢复自然植被，恢复水源涵养生态服务功能，对重点江河源头范围内的森林按照水源涵养林的标准逐年进行林分改造；加强生态公益林的改造与建设，适当增加林种数量，提高森林水源涵养功能。推进矿区生态修复，采取边坡、平台修整、覆土、复垦土地等工程手段和封山育林等自然恢复手段，逐步实现区域矿山生态环境持续向好，减少土地石漠化风险，增强水源涵养能力。

三、典型工程及建设内容

柳州市某山林业生态修复工程（1期）位于柳州市主城区和柳东新区之间，该区域森林覆盖率达67%，具有保持水土、涵养水源、净化空气、减缓热岛效应等重要生态功能，是市区不可多得的大型生态功能区、城市"后花园"和"绿肺"。

工程范围内用地类型复杂多样，包括居住用地、公共用地、商业用地、道路交通用地、绿地、森林地、农用地、池塘等。从用地板块情况来看，现有的破损地、留荒地立地条件不好，原生植被少，土层薄，水土流失严重；各类拆迁地原为临时建筑用地，经夯实及相关工程干扰，土质发生变化，种植条件受到极大影响；乡村原有水体斑块，常年管理不到位，水体周边比较凌乱，垃圾野草混杂，水面富养性高；速生桉林地经过多年经营，人工干预频繁，用地条件也受到一定影响；部分依山开缝种植果树的用地，尤其是石山地，对原立地条件破坏性也很大，这类用地需要考虑针对性生态修复。

（一）主要采用的生态修复模式

1. 纯林生态修复模式

按照单纯林分建植，根据地块选择适宜树种造林成为单块纯林。主要选择树种为樟树、枫香、乌桕、格木、广西油杉、南竹（毛竹）、八角等常见树种。根据不同的立地条件，纯林采用的种植密度为 74~110 株/亩，种植规格为 2×3 米或 2×2 米等不同规格。

2. 混交林营建模式

按照造林地情况采用行间、块状、星状、带状等不同的混交方法营造生态混交林，建立生态层次丰富，多种树种混生共荣的风景式森林群落。选择比较成熟的如松阔混交（如马尾松+樟树、马尾松+壳斗科树种），阔阔混交（如枫香+香椿、黄连木+榆树+假萍婆等），阔杂混交（如枫香、樟树+杂木、野蕉），阔藤混交（如枫香+扁藤+苦藤+大叶绿萝等）。

3. 石山修复模式

项目区内分布石破损地、留荒地，尤其是古亭山片区东面及西南向有一定石山分布，现状分布多为天然杂木林。石山植被保护得较好一般不需要进行大规模的改造，但少部分陡坡崩塌地、破损地、石穴地、悬壁及群众开荒种果地等还需要修复。方法是选择适生的植物，按点、线、块进行设计，采取的技术方法有：

（1）路沿护坡护脚种植修复。选择象草、类芦、葛藤、蟛蜞菊、山毛豆、爬山虎等，沿石山脚路侧排水沟种植使其沿石墙向上生长从而保护坡面。

（2）开荒种植果树地块修复。这种地块分布不多，群众在石山坡面种植砂塘橘、沙田柚、沃柑等，随斑块用地开荒，导致地块的破损形成水土流失，因此此类破损斑块需要修复。

（3）生态湿地营建模式。结合乡村生态休闲发展，将水塘改造后形成自然流畅的水际空间，在水体沿周边塘坝种植湿地树种如重阳木、水蒲桃、海南蒲桃、河柳等，配套种植芦苇、水生美人蕉等植物。

（二）投资概算

项目直接总投资概算为 8 604.736 万元，其中工程措施费 8 234.2 万元，独立费用 370.536 万元，具体概算明细见表 5-7。

表5-7 柳州市某山林业生态修复工程（1期）投资概算

序号	工程费用名称	工程数量	单价/元	合计/万元	说明
一	工程措施	—	—	8 234.2	—
（一）	速生桉林地修复	—	—	6 353.83	—
1	种植地现场整地/平方米	2 100 000	3	630	土球苗采用74株/亩、裸根苗110株/亩；混交林按照混交比6：4估算
2	林地裸根植苗造林/株	339 160	40	1 356.64	
3	林地土球植苗造林/株	97 236	400	3 889.44	
4	林地播种造林改造/平方米	73 500	65	477.75	
（二）	破损地块及石山生态修复	—	—	1 175.16	
1	种植地现场整地/平方米	120 000	5	60	
2	林地裸根植苗造林/株	30 195	40	120.78	
3	林地土球植苗造林/株	22 422	400	896.88	
4	林地播种造林改造/平方米	15 000	65	97.5	
（三）	森林林分提升	—	—	705.21	—
1	种植地现场整地/平方米	60 000	3	18	土球苗采用74株/亩、果树苗65株/亩；花灌木1 200株/亩估算
2	范围四旁大苗种植/株	4 996	450	224.82	
3	乡村生态林木种植/株	3 413	300	102.39	
4	花灌水生绿化种植/株	36 000	100	360	
二	独立费用	—	—	370.536	—
（一）	建设管理费	—	—	123.51	—
（二）	基本预备费（3%）	—	—	247.026	—
	静态总投资	—	—	8 604.736	
	价差预备费	—	—	—	
	总投资	—	—	8 604.736	

第六章 柳江流域生态环境保护修复效益

第一节 总体目标

柳江流域生态环境保护修复实施后，基本解决了重要生态功能区域内的重大生态环境问题，生态环境质量得到了有效改善，生态功能支撑和生态涵养明显增强，生态系统服务与保障功能明显提升，区域生态廊道基本形成，珠江—西江生态环境防护屏障得到了巩固和加强，构建了以绿色为底色、"三生空间"和谐为基本内涵、全域全境为覆盖范围、人民为中心的绿色发展体制机制。其使柳江流域（柳州）初步实现了山青水美、生态系统服务良性循环，人居环境和生态系统生境显著改善，人与自然和谐和可持续发展，为该地区生物多样性保护和景观格局优化做出了重要贡献。

第二节 年度目标

一、第一年建设目标

第一年，柳江流域生态环境保护修复工程完成所有子项目的勘测设计工作，其中元宝山生物多样性保护项目、大桥河流域水土保持治理和矿山生态环境修复项目、沙埔河矿山生态修复和石漠化治理项目、石门河矿山生态修复项目4个项目于该年度实施完成。

第一年投资目标计划完成工程总投资 10.82 亿元，其中九万山水源涵养和生物多样性保护单元计划完成投资 0.39 亿元，融江流域水土保持和石漠化治理单元计划完成投资 2 亿元，柳江干流水环境治理和矿山生态修复单元计划完成投资 7.29 亿元，以及勘察设计费、监理费、招标代理费、建管费、不可预见费用为 1.14 亿元。

二、第二年建设目标

第二年为柳江流域生态环境保护修复工程的实施期，该年度计划 8 个子项目同时推进实施，其中竹鹅溪流域水生态修复项目、香兰河流域水环境综合治理项目、融江干流生态环境综合整治项目 3 个项目于该年度实施完成。

第二年投资目标计划完成工程总投资 12.68 亿元，其中九万山水源涵养和生物多样性保护单元计划完成投资 0.4 亿元，融江流域水土保持和石漠化治理单元计划完成投资 4.05 亿元，洛清江流域生态环境综合整治单元计划完成投资 0.57 亿元，柳江干流水环境治理和矿山生态修复单元计划完成投资 6.33 亿元，以及监理费、建管费、不可预见费用为 1.33 亿元。

三、第三年建设目标

第三年为柳江流域生态环境保护修复工程的实施期，该年度计划 7 个子项目同时推进实施，其中九万山东麓水源涵养项目、沙塘河流域水环境综合治理项目、柳江干流水土保持项目、洛江（石门河）流域水环境综合整治项目、洛清江干流矿山生态修复和农田生态功能提升项目 5 个项目于该年度实施完成。

第三年投资目标计划完成工程总投资 11.48 亿元，其中九万山水源涵养和生物多样性保护单元计划完成投资 0.18 亿元，融江流域水土保持和石漠化治理单元计划完成投资 3.54 亿元，洛清江流域生态环境综合整治单元计划完成投资 0.72 亿元，柳江干流水环境治理和矿山生态修复单元计划完成投资 5.87 亿元，以及监理费、建管费、不可预见费用为 1.17 亿元。

四、第四年建设目标

第四年为柳江流域生态环境保护修复工程的实施期，该年度计划 7 个子项目同时推进实施，其中九万山西南麓生物多样性保护项目、保江河水土保持项目、寻江流域生态环境综合整治项目、贝江流域中下游水土保持项目 4 个项目于该年度实施完成。

第四年投资目标计划完成工程总投资 8.96 亿元，其中九万山水源涵养和生物多样性保护单元计划完成投资 0.47 亿元，融江流域水土保持和石漠化治理单元计划完成投资 6.84 亿元，洛清江流域生态环境综合整治单元计划完成投资 0.72 亿元，以及监理费、建管费、不可预见费用为 0.93 亿元。

五、第五年建设目标

第五年为柳江流域生态环境保护修复工程的收尾年，该年度项目进度目标为完成剩余 5 个项目的全部工程量，包括九万山北麓水土保持项目、浪溪河水土保持和矿山生态修复项目、都柳江干流（三江段）水土保持和农田生态功能提升项目、石榴河流域上游生物多样性保护和水源涵养项目、石榴河流域中下游生态 5 个项目于该年度实施完成，并完成竣工验收工作。

第五年度投资目标计划完成工程总投资 5.56 亿元，其中九万山水源涵养和生物多样性保护单元计划完成投资 0.44 亿元，融江流域水土保持和石漠化治理单元计划完成投资 3.83 亿元，洛清江流域生态环境综合整治单元计划完成投资 0.72 亿元，以及监理费、建管费、不可预见费 0.57 亿元。

各修复单元各年度具体建设目标见表 6-1。

表 6-1　各修复单元各年度具体建设目标

单元	年度	具体建设目标
九万山水源涵养和生物多样性保护单元	第一年	完成标识牌 173 个、森林监测系统 10 套、封山育林 2.26 平方千米、防火瞭望塔 1 座、生态林征收 0.287 平方千米、生态岸坡垒砌 20.2 千米、河道生境改善 0.154 平方千米、拆除工程 364.6 立方米、坡面清理 0.008 平方千米、场地平整 0.032 平方千米、矿区覆土复绿 0.024 平方千米、浆砌石挡墙 203.2 立方米、截排水沟 17.5 千米、水源涵养林建设 1.788 平方千米、水土保持林建设 0.97 平方千米、林分组成优化 1.45 平方千米、林业有害物监测与防治 5 项、排水沟渠 15.6 千米
	第二年	完成生态林征收 0.27 平方千米、防火隔离带 6 千米、坡面清理 0.101 平方千米、场地平整 0.113 平方千米、生态岸坡 0.356 平方千米、浆砌石挡墙 259.2 立方米、截排水沟 1.5 千米、生态固坡 0.16 平方千米、河道综合治理 1.7 平方千米、水土保持林建设 1.20 平方千米、林分组成优化 1.015 平方千米、蓄水池和沉沙池 3 座、森林巡护便道 11.5 千米、裸露山体修复 0.065 平方千米、人居缓冲带绿化 0.16 平方千米
	第三年	完成生态林征收 0.27 平方千米、防火隔离带 6 千米、坡面清理 0.101 平方千米、场地平整 0.113 平方千米、生态岸坡 0.356 平方千米、浆砌石挡墙 259.2 立方米、截排水沟 1.5 千米、生态固坡 0.16 平方千米、河道综合治理 0.017 平方千米、水土保持林建设 120 平方千米、林分组成优化 1.015 平方千米、蓄水池和沉沙池 3 座、森林巡护便道 11.5 千米、裸露山体修复 0.065 平方千米、人居缓冲带绿化 0.16 平方千米

表 6-1（续）

单元	年度	具体建设目标
九万山水源涵养和生物多样性保护单元	第四年	完成生态林征收 0.332 平方千米、防火瞭望塔 3 座、森林监测系统 2 套、标识牌 245 个、森林巡护便道 28.3 千米、生态岸坡垒砌 10 千米、水土保持林建设 2.85 平方千米、水源涵养林建设 2.51 平方千米、林业有害物监测与防治 6 项、林分组成优化 1.72 平方千米、人居缓冲带绿化 0.207 平方千米、生态固坡 0.381 平方千米。
	第五年	完成生态林征收 0.53 平方千米、防火隔离带 16 千米、生态固坡 0.032 平方千米、生态岸坡垒砌 0.059 平方千米、河道综合治理 0.102 平方千米、水土保持林建设 2.47 平方千米、林分组成优化 1.53 平方千米、灌溉渠道 12.5 千米、蓄水池和沉沙池 10 座，机耕道 18.9 千米、灾毁农田修复 0.008 平方千米、排水沟渠 0.084 千米、裸露山体修复 0.129 平方千米、人居缓冲带绿化 0.101 平方千米
融江流域水土保持和石漠化治理单元	第一年	完成场地平整 0.432 平方千米、矿区土地复垦 0.18 平方千米、矿山复绿 0.281 9 平方千米、截排水沟 14.94 千米、封堵井口 4 个、水土保持林建设 1.333 平方千米、水源涵养林建设 1.208 平方千米、退化防护林修复 0.802 平方千米、林地提升治理 0.021 平方千米、坑塘水面整治 0.077 平方千米、人工植被恢复 1.974 平方千米、坡改梯 0.403 平方千米
	第二年	完成水土保持林建设 2.181 平方千米、水源涵养林建设 0.82 平方千米、退化防护林修复 1.786 平方千米、林地提升治理 1.08 平方千米、林分组成优化 1.084 平方千米、生态林建设 0.207 平方千米、土地复垦 0.154 平方千米、水田生态质量改善 0.35 平方千米、灾毁农田修复 0.257 平方千米、挂坡地水土保持 0.293 平方千米、机耕道 22.4 千米、排水沟渠 29.4 千米、灌溉渠道 28.8 千米、蓄水池和沉沙池 14 座、山塘整治 1 座、生态固坡 9.4 千米、河道水环境整治 4.7 千米、河道缓冲带建设 3.3 千米、人工湿地 0.023 平方千米、场地平整 0.274 平方千米、矿区土地复垦 0.059 平方千米、矿山复绿 0.141 平方千米、截排水沟 3.8 千米、人工植被恢复 3.975 平方千米、坡改梯 1.201 平方千米
	第三年	完成水源涵养林建设 1.103 平方千米、退化防护林修复 1.873 平方千米、林地提升治理 1.943 平方千米、林分组成优化 1.495 平方千米、水土保持林建设 2.772 平方千米、场地平整 0.123 平方千米、矿区土地复垦 0.008 平方千米、矿山复绿 0.01 平方千米、截排水沟 1.3 千米、封堵井口 1 个、人工植被恢复 0.394 平方千米、坡改梯 0.161 平方千米、土地复垦 0.30 平方千米、灾毁农田修复 0.164 平方千米、排水沟渠 15.8 千米、水田生态质量改善 0.145 平方千米、挂坡地水土保持 0.135 平方千米、机耕道 11.3 千米、蓄水池和沉沙池 6 座、山塘整治 1 座

表6-1(续)

单元	年度	具体建设目标
融江流域水土保持和石漠化治理单元	第四年	完成水土保持林建设 2.557 平方千米、水源涵养林建设 2.144 平方千米、退化防护林修复 1.891 平方千米、林地提升治理 1.317 平方千米、林分组成优化 0.602 平方千米、土地复垦 0.092 平方千米、水田生态质量改善 0.145 平方千米、灾毁农田修复 0.131 平方千米、挂坡地水土保持 0.135 平方千米、机耕道 0.113 千米、排水沟渠 0.139 千米、灌溉渠道 0.127 千米,蓄水池和沉沙池 7 座、人工植被恢复 0.222 平方千米、坡改梯 0.101 平方千米
	第五年	完成水源涵养林建设 0.283 平方千米、退化防护林修复 2.123 平方千米、林地提升治理 2.293 平方千米、林分组成优化 0.846 平方千米、水土保持林建设 2.455 平方千米、场地平整 0.123 平方千米、矿区土地复垦 0.008 平方千米、矿山复绿 1 平方千米、截排水沟 1.3 千米、封堵井口 1 个、人工植被恢复 0.80 平方千米、坡改梯 0.266 平方千米、土地复垦 0.31 平方千米、灾毁农田修复 0.129 平方千米、排水沟渠 11.4 千米、水田生态质量改善 0.108 平方千米、挂坡地水土保持 0.098 平方千米、机耕道 9.4 千米、灌溉渠道 9.3 千米、蓄水池和沉沙池 3 座
洛清江流域生态环境综合治理单元	第二年	完成场地平整 0.38 平方千米、矿区土地复垦 0.125 平方千米、矿山复绿 0.30 平方千米、截排水沟 8.15 千米、封堵井口 1 个、土地复垦 0.068 5 平方千米、水田生态质量改善 0.064 5 平方千米、灾毁农田修复 0.067 5 平方千米、挂坡地水土保持 0.070 5 平方千米、机耕道 6.6 千米、排水沟渠 8.05 千米、灌溉渠道 7.25 千米、蓄水池和沉沙池 1 座
	第三年	完成场地平整 38 平方千米、矿区土地复垦 0.125 平方千米、矿山复绿 0.30 平方千米、截排水沟 8.15 千米、封堵井口 1 个、土地复垦 0.068 5 平方千米、水田生态质量改善 0.064 5 平方千米、灾毁农田修复 0.067 5 平方千米、挂坡地水土保持 0.070 5 平方千米、机耕道 6.6 千米、排水沟渠 8.05 千米、灌溉渠道 7.25 千米、蓄水池和沉沙池 1 座、生态固坡 25 千米、河道水环境整治 9 千米、河道缓冲带建设 0.25 平方千米、人工湿地 0.024 平方千米、生态补水 2.2 千米
	第四年	完成生态隔离带 5 千米、防火瞭望塔 1 个、森林有害生物防治设备 1 座、森林巡护便道 1 千米、封山育林 0.46 平方千米、林地生态质量改善 0.081 平方千米、生态水源林保护 0.077 平方千米、标识牌 54 个、水土保持林建设 0.25 平方千米、林分组成优化 0.182 平方千米、退化防护林修复 0.256 平方千米、生态缓冲区 0.073 平方千米、生态固坡 7.6 千米、河道水环境整治 2.4 千米、河道缓冲带建设 0.035 平方千米、人工湿地 7 平方千米、场地平整 0.14 平方千米、矿区土地复垦 0.046 平方千米、矿山复绿 0.11 平方千米、截排水沟 3 千米、封堵井口 1 个

表6-1（续）

单元	年度	具体建设目标
洛清江流域生态环境综合治理单元	第五年	完成生态隔离带 5 千米、森林巡护便道 1 千米、封山育林 0.46 平方千米、林地生态质量改善 0.081 平方千米、生态水源林保护 0.077 平方千米、标识牌 54 个、水土保持林建设 0.25 平方千米、林分组成优化 0.182 平方千米、退化防护林修复 0.256 平方千米、生态缓冲区 0.073 平方千米、生态固坡 7.6 千米、河道水环境整治 2.4 千米、河道缓冲带建设 0.035 平方千米、人工湿地 0.07 平方千米、场地平整 0.14 平方千米、矿区土地复垦 0.046 平方千米、矿山复绿 0.11 平方千米、截排水沟 3 千米、封堵井口 1 个。
柳江干流水环境治理和矿山生态修复单元	第一年	完成场地平整 0.607 平方千米、矿区土地复垦 0.199 4 平方千米、矿山复绿 0.477 平方千米、截排水沟 15.2 千米、封堵井口 5 个、水土保持林建设 5.313 平方千米、水源涵养林建设 2.985 平方千米、退化防护林修复 3.857 平方千米、林地提升治理 2.97 平方千米、林分组成优化 2.169 2 平方千米。
	第二年	完成生态固坡 45.6 千米、河道水环境整治 51 千米、河道缓冲带建设 1.665 平方千米、人工湿地 66.25 平方千米、生态补水 12.7 千米、水土保持林建设 3.059 平方千米、林分组成优化 11.406 平方千米、林地提升治理 8.965 平方千米、退化防护林修复 1.982 平方千米、土地复垦 0.244 5 平方千米、水田生态质量改善 0.488 5 平方千米、挂坡地水土保持 0.081 5 平方千米、机耕道 11.7 千米、排水沟渠 12.6 千米、灌溉渠道 11.55 千米、山塘整治 2 座、场地平整 0.043 平方千米、矿区土地复垦 0.027 5 平方千米、矿山复绿 0.031 5 平方千米、截排水沟 1.85 千米、封堵井口 2 个、人工植被恢复 3.634 平方千米、坡改梯 0.227 5 平方千米
	第三年	完成生态固坡 26 千米、河道水环境整治 29 千米、河道缓冲带建设 1.415 平方千米、人工湿地 38.65 平方千米、生态补水 8.7 千米、水土保持林建设 3.059 平方千米、林分组成优化 11.406 平方千米、林地提升治理 8.965 平方千米、退化防护林修复 1.982 平方千米、土地复垦 0.244 5 平方千米、水田生态质量改善 0.488 5 平方千米、挂坡地水土保持 0.081 5 平方千米、机耕道 11.7 千米、排水沟渠 12.6 千米、灌溉渠道 11.55 千米、山塘整治 2 座、场地平整 0.043 平方千米、矿区土地复垦 0.027 5 平方千米、矿山复绿 0.031 5 平方千米、截排水沟 1.85 千米、封堵井口 2 个、人工植被恢复 3.634 平方千米、坡改梯 0.227 5 平方千米

第三节　绩效目标

一、生物多样性保护保育措施绩效指标

柳江流域生态环境保护修复实施后，建设标识牌536个，森林监测系统5个，森林有害生物防治设备1套，生态林征收1.689平方千米，防火隔离带28千米，防火瞭望塔5个，封山育林3.23平方千米，生态隔离带10千米，森林巡护便道53.6千米。项目实施完成后，柳江流域（柳州）内生物多样性生境条件明显改善，生物多样性保护工程取得重要进展。

二、林业生态功能提升绩效指标

柳江流域生态环境保护修复实施后，流域完成林地质量提升29.559平方千米，林分组成优化36.720 2平方千米，水土保持林建设31.798平方千米，水源涵养林建设13.367平方千米，退化防护林修复18.772 6平方千米，生态林建设0.207平方千米，林业有害物监测与防治9项，坑塘水面整治0.077平方千米。项目实施完成后，区域森林覆盖率保持在66%以上，水土流失面积占总面积的比率降低至15%以下。

三、河道水环境综合整治绩效指标

柳江流域生态环境保护修复实施后，完成河道生境改善0.154平方千米，河道水环境整治98.5千米，人工湿地1.236平方千米，生态补水0.236平方千米，河道缓冲带建设3.433平方千米，河道综合治理0.136平方千米，生态岸坡垒砌92.1千米，生态固坡1.565千米。项目实施完成后，主要河道水质稳定保持在Ⅲ类以上。

四、人类活动缓冲带建设绩效指标

柳江流域生态环境保护修复实施后，完成人居缓冲带建设66.8千米，生态缓冲区0.145平方千米，生态固坡38.1千米，裸露山体修复0.259平方千米。项目实施完成后，减少了人类活动对生态系统的扰动，改善了人类活动密集区的生态环境。

五、农田生态功能提升绩效指标

柳江流域生态环境保护修复实施后，完成灌溉渠道137.5千米，土地复垦

1.689 平方千米，水田生态质量改善 1.853 平方千米，灾毁农田修复 0.858 平方千米，排水沟渠 137.9 千米，灌溉渠道 137.5 千米，蓄水池、沉沙池 49 座，山塘整治 7 座，挂坡地水土保持 0.964 平方千米，机耕道 109.8 千米，项目实施完成后，农田生态系统功能得到明显提升。

六、矿山生态环境修复绩效指标

柳江流域生态环境保护修复实施后，完成拆除工程 364.6 立方米，坡面清理 0.008 平方千米，浆砌石挡墙 203.2 立方米，场地平整 3.066 平方千米，封堵井口 17 个，矿山土地复垦 0.859 4 平方千米，截排水沟 81.34 千米，矿山覆土复绿 1.837 9 平方千米，项目实施完成后，修复单元内矿山地质环境治理恢复率达 76% 以上，遗留矿山废弃地复垦率达到 90% 以上。

七、石漠化治理绩效指标

柳江流域生态环境保护修复实施后，完成人工植被恢复 15.634 平方千米，坡改梯 3.051 平方千米。项目实施完成后，中度以上石漠化面积减少至 590 平方千米，中度以上石漠化治理率达 18.13%。

八、河道生态修复绩效指标

截至 2026 年年底，完成坡面清理 0.201 平方千米，场地平整 0.226 平方千米，生态岸坡 0.151 平方千米，浆砌石挡墙 500 立方米，截排水沟 3.1 千米。项目实施完成后，修复了单元内受损的河流生态系统，重构了健康的水生生态系统。

第四节　总体效益

实施柳江流域山水林田湖草生态保护修复工程的预期成效为：到 2026 年，基本解决重要生态功能区域内的重大生态环境问题，生态环境质量得到有效改善，生态功能明显增强，生态系统服务与保障功能明显提升。构建以绿色为底色、"三生空间"和谐为基本内涵、人民为中心的绿色发展体制机制，使柳江流域初步实现山青水美、生态系统服务良性循环，人居环境和生态系统环境显著改善，人与自然和谐和可持续发展，建立"工业城市山水最美"的美名，为广西生态环境质量提升和景观格局优化做出重要贡献。通过该项目的实施不断筑牢我国"南方丘陵山地带"生态安全、珠江流域用水安全，具体如表 6-2、表 6-3、表 6-4、表 6-5 和表 6-6 所示。

表 6-2 柳江流域山水林田湖草生态保护修复工程绩效目标汇总

项目名称	柳江流域山水林田湖草生态保护修复工程		
所属专项	山水林田湖草保护修复工程		
中央主管部门	自然资源部	省级财政部门	广西壮族自治区财政厅
省级主管部门	广西壮族自治区自然资源厅、广西壮族自治区生态环境厅	具体实施单位	柳州市人民政府
资金情况	项目总投资/亿元	49.5	
	其中：中央财政资金/亿元	20	
	地方财政资金/亿元	8.57	
	社会资本/亿元	20.93	
总体目标	到 2024 年，基本解决重要生态功能区域内的重大生态环境问题，生态环境质量得到有效改善，生态功能支撑和生态涵养明显增强，生态系统服务与保障功能明显提升，区域生态廊道基本形成，珠江—西江生态环境防护屏障得到巩固和加强		

绩效指标	一级指标	二级指标	三级指标	目标值
	产出指标	数量指标	生态保护修复总体规模	158.739 6 平方千米
			矿山生态修复面积	5.771 3 平方千米
			河流生态保护修复长度	714 千米
			森林生态保护修复面积	133.425 8 平方千米
			农用地整治面积	5.364 平方千米
			监测工程覆盖面积	158.739 6 平方千米
			新增水土流失治理面积	689.82 平方千米
			保护保育（封山育林育草）面积	3.23 平方千米
			保护保育（新增人工造林）面积	52.618 平方千米
			坡改梯面积	3.051 平方千米
			监测工程类型	8 类
			现有森林质量提升	31.797 平方千米
			乡村土地盘活面积	5.330 4 平方千米
			年均增加碳汇	20.65 万吨

表6-2(续)

项目名称			柳江流域山水林田湖草生态保护修复工程	
绩效指标	一级指标	二级指标	三级指标	目标值
	产出指标	质量指标	项目竣工验收成果合格率	100%
			森林覆盖率	≥67%
			水土流失面积占比减少	3.65%
			石漠化土地面积占比减少	0.6%
			外来物种控制情况	不新增
			流量变异程度	<0.3（中）
			水资源开发利用程度	<15%（优）
			水质优良率	100%
			河流纵向连通性	0.5~0.8个断点/100千米（中）
			河流横向连通性	连通率为60%~80%（中）
			单位GDP二氧化碳排放降低	按自治区下达指标
		时效指标	分年度子项目开工率	100%
			分年度子项目验收率	100%
			分年度资金到位率	100%
			分年度资金完成率	100%
	效益指标	经济效益指标	第一产业增加值增长率	7%
			第三产业增加值增长率	8%
			人均GDP增长率	6.5%
			增加当地群众收入	500元/年·人
		社会效益指标	吸纳就业人数	≥25 000人
		生态效益指标	生物多样性维持	有所提高
			森林覆盖率	≥66%
			生态需水满足程度	>80%（良）
			水土流失治理度	19.83%
			地表水优良比率	100%
			年均增加碳汇	20.65万吨
		可持续影响指标	工程效果维持年限	50年
	满意度指标	服务对象满意度指标	群众满意度	≥90%

表 6-3　柳江流域生态环境保护修复水土保持林建设收益

修复单元	项目名称	水土保持林建设面积/平方千米	年均碳汇水平/（吨·平方千米$^{-1}$）	单价/（元·吨$^{-1}$）	年收益/元	说明
九万山水源涵养和生物多样性保护单元	九万山西南麓生物多样性保护项目	1.24	16	84	166 656	
		1.61	16	84	216 384	
	九万山东麓水源涵养项目	1.52	16	84	204 288	
		0.88	16	84	118 272	
	九万山北麓水土保持项目	1.23	16	84	165 312	
		1.24	16	84	166 656	
	元宝山生物多样性保护项目	0.97	16	84	130 368	
融江流域水土保持和石漠化治理单元	贝江流域上游生物多样性保护及水土保持项目	1.125	16	84	151 200	（1）碳汇单价参考国内相关文献，取平均值；（2）目前还未进行碳汇交易，故本次只计算碳汇收益，不计入社会资本引入范围
		1.199	16	84	161 145.6	
		0.849	16	84	114 105.6	
	贝江流域中下游水土保持项目	1.375	16	84	184 800	
	寻江流域生态环境综合整治项目	1.475	16	84	198 240	
		0.825	16	84	110 880	
		0.675	16	84	90 720	
		1.05	16	84	141 120	
	都柳江干流(三江段)水土保持和农田生态功能提升项目	1.025	16	84	137 760	
	沙埔河历史矿山生态修复项目	1.255	16	84	168 672	
		0.078	16	84	10 483.2	
	浪溪河水土保持和矿山生态修复项目	4.29	16	84	576 576	
	保江河水土保持项目	1.215	16	84	163 296	
	融江干流生态环境综合整治项目	0.839	16	84	112 761.6	
洛清江流域生态环境综合治理单元	石榴河流域上游生物多样性保护和水源涵养项目	0.50	16	84	67 200	
柳江干流水环境治理和矿山生态修复单元	大桥河流域生态修复项目	2.388	16	84	320 947.2	
	沙塘河流域水环境综合治理项目	4.29	16	84	576 576	
	柳江干流水土保持项目	1.828	16	84	245 683.2	
合计		34.971	—	—	4 700 102.4	

表 6-4　柳江流域生态环境保护修复土地盘活收益

修复单元	项目名称	土地盘活面积/平方千米	单价/（万元·平方千米⁻¹）	收益/万元	说明
九万山水源涵养和生物多样性保护单元	九万山北麓水土保持项目	0.008	180	144	水源涵养林和生物多样性保护区，不考虑引入社会资本
融江流域水土保持和石漠化治理单元	苗江河生态环境综合整治项目	0.123	180	2 214	本方案盘活土地均位于城市周边待开发区内，土地价值较高，现以工业用地标准计算，参考柳州市及周边县城工业用地的价格，暂按 12 万元/亩计算
	四甲河生态环境综合整治项目	0.284	180	5 112	
	八江河生态环境综合整治项目	0.262	180	4 716	
	都柳江干流（三江段）水土保持和农田生态功能提升项目	0.198	180	3 564	
	沙埔河历史矿山生态修复项目	0.099	180	1 782	
	石门河历史矿山生态修复项目	0.081	180	1 458	
	黄金河水土保持和矿山生态修复项目	0.024	180	432	
	泗顶河水土保持和矿山生态修复项目	10.347	180	24 246	
	融江干流生态环境综合整治项目	0.547	180	9 846	
洛清江流域生态环境综合治理单元	石榴河流域中下游水土保持项目	0.292	180	5 256	
	洛清江干流矿山生态修复和农田生态功能提升项目	0.522	180	9 396	
柳江干流水环境治理和矿山生态修复单元	大桥河流域生态修复项目	0.043	180	774	
	龙兴河生态修复项目	0.156 4	180	2 815.2	
	沙塘河流域水环境综合治理项目	0.489	180	8 802	
	柳江干流水土保持项目	1.055	180	18 990	
合计		5.330 4	—	99 547.2	

表 6-5　柳江流域生态环境保护修复灾毁农田修复收益

修复单元	生态分区	灾毁农田修复及坡改梯/平方千米	单价/万元	收益/万元	说明
九万山水源涵养和生物多样性保护单元	大年河分区	0.008	225	180	参考柳州及周边城市土地整理综合项目，灾毁农田修复及坡改梯农田按照15万元/亩计算
融江流域水土保持和石漠化治理单元	贝江中下游分区	0.305	225	6 862.5	
	苗江河分区	0.101	225	2 272.5	
	四甲河分区	0.158	225	3 555	
	寻江干流分区	0.102	225	2 295	
	八江河分区	0.082	225	1 845	
	都柳江干流分区	0.201	225	4 522.5	
	沙埔河上游分区	0.024	225	540	
	沙埔河中下游分区	0.282	225	6 345	
	石门河分区	0.125	225	2 812.5	
	黄金河分区	0.014	225	315	
	泗顶河分区	0.099	225	2 227.5	
	保江河分区	0.101	225	2 272.5	
	融江干流分区	1.201	225	27 022.5	
洛清江流域生态环境综合治理单元	石榴河中下游分区	0.084	225	1 890	
	黄腊河分区、平山河分区、福龙河分区	0.121	225	2 722.5	
	洛清江干流分区	0.135	225	3 037.5	
柳江干流水环境治理和矿山生态修复单元	拉堡河分区	0.134	225	3 015	
	龙兴河分区	0.043	225	967.5	
	沙溏河分区	0.026	225	585	
	柳江干流分区	0.455	225	10 237.5	
合计		3.801	—	85 522.5	

表 6-6 柳江流域生态环境保护修复土地复垦收益

修复单元	项目名称	土地复垦及耕地质量提升/平方千米	单价/万元	收益/万元	说明
融江流域水土保持和石漠化治理单元	苗江河土地综合整治项目	0.042	60	252	参考柳州及周边城市土地整理综合项目，新增耕地按照4万元/亩计算
	四甲河土地综合整治项目	0.126	60	756	
	八江河土地综合整治项目	0.127	60	762	
	都柳江干流（三江段）水土保持和农田生态功能提升项目	0.310	60	1 860	
	浪溪河水土保持和矿山生态修复项目	0.624	60	3 744	
	融江干流生态环境综合整治项目	1.291	60	7 746	
洛清江流域生态环境综合治理单元	石榴河中下游农田综合治理项目	0.092	60	552	
	洛清江干流矿山生态修复和农田生态功能提升项目	0.416	60	2 496	
柳江干流水环境治理和矿山生态修复单元	拉堡河流域综合治理项目	0.053	60	318	
	龙兴河流域综合治理项目	0.056	60	336	
	沙塘河流域综合治理项目	0.389	60	2 334	
	柳江干流水土保持综合治理项目	0.536 4	60	3 218.4	
合计		4.062 4	—	24 374.4	

（1）区域森林覆盖率保持在67%以上，显著改善林分组成、提高森林质量，生物多样性保护取得重要进展。

（2）矿山地质环境治理效果明显，遗留矿山废弃地复垦率达到90%以上。

（3）水土流失面积减少至27.895 8平方千米，水土保持率提高到85%以上。

（4）中度以上石漠化面积减少至590平方千米，中度以上石漠化治理率达18.13%；石漠化土地占土地总面积的比率减少到3.7%。

（5）生态碳汇能力显现提升，单位GDP碳排放强度下降量达到国家和自治区下达的降碳考核标准。

（6）水质优良率达到100%，水资源开发利用程度控制在15%以内，生态需水满足程度大于80%。

（7）乡村土地盘活面积约为5.330 4平方千米，耕地质量得到显著提高。

（8）将生态保护修复与乡村振兴有机结合，大力发展林下经济、森林生态旅游、花卉等产业，推动区域经济协调发展，实现第一产业增加值增长7%，第三产业增加值增长8%，人均 GDP 增长 6.5%。

（9）人民幸福指数提高，吸纳就业人数不少于 25 000 人，实现当地居民增收 500 元/年·人，群众满意度大于 90%。

第五节　生态效益

柳江流域山水林田湖草生态保护修复工程的实施，将有效保护流域生态环境，恢复生境条件，提高流域植被覆盖率，增强水源涵养能力，从而有效遏制由于生态破坏造成的水土流失、石漠化的问题。同时，可以改善野生动物栖息地生态环境，保护区域生物多样性。周边居民生产、生活环境得到改善，生态系统稳定性提高，生态服务功能提升。通过项目的实施，到 2026 年，区域森林覆盖率保持在67%以上，森林质量大幅提升；矿山地质环境治理效果明显，遗留矿山废弃地复垦率达到 90%以上；水土流失面积占总面积的比率降低至15%以下；中度以上石漠化土地面积减少至 590 平方千米，中度以上石漠化土地治理率达 18.13%；生物多样性保护工程取得重要进展。

一、减少水土流失，筑牢区域生态安全屏障

通过水源涵养林建设、水土保持林的建设及林分组成优化等林业生态功能提升措施的落实，将有效提高林草覆盖率，改善地表植被结构，降低地表径流冲刷，改善土壤肥力；有效提高防治水土流失的能力，水土流失得到有效治理，水土保持率提升到85%以上，减少石漠化，筑牢生态安全屏障。柳江流域水资源的稳定，可以有效维护周边地区和西江下游的水生态安全以及珠江下游的珠三角地区乃至粤港澳大湾区的用水安全。

二、改善流域生态环境，提升生态系统服务功能

通过林业生态功能提升、河道水环境综合整治、农田生态功能提升、矿山生态环境修复等工程措施的实施，使森林覆盖率有效提高，林分结构更趋合理，水源涵养和径流补给能力明显增强；使地表水质长期稳定在Ⅲ类以上，地下水环境平衡获得恢复，境内干流、支流及沿岸地带的生态环境得到有效改善；使农村面源污染得到全面治理，农田蓄水保土效果增强，水土流失现象得到有效控制；使历史遗留矿山开采造成的裸露岩壁得到复绿，被开采损毁压占

的土地得到复垦复绿，恢复由矿山开采破坏的生态环境。通过柳州流域山水林田湖草沙生态保护和修复工程的实施，使区域内生态环境质量得到有效改善，生态功能明显增强，生态系统保障功能显著提升，实现区域内山青水美、生态系统服务良性循环。

三、保护生物多样性，促进流域可持续发展

通过河道水环境综合整治、人类活动区缓冲带建设及保护保育措施的实施，实现森林、湿地资源的保护和修复，减少人类活动对自然生态系统的干扰，建立野生动植物资源监测体系，将极大地丰富区域内森林、草地、湿地等生态系统的多样性，为野生动植物栖息和繁衍提供良好的保护体系和生存环境，为流域可持续发展提供保障。项目实施完成后，区域内湿地面积增加，完成保护国家一级保护动物 4 种、国家二级保护动物 26 种，完成主要候鸟保护19 种，完成主要珍稀植物保护 6 种，生物生境得到了有效改善。

四、提升生态碳汇能力，尽早实现碳达峰

通过林业生态功能提升工程，加强生态廊道和城市绿带体系建设，抓好重点生态公益林管护工程和重点造林绿化工程，实现生态林业和民生林业同步发展，大幅提高林地生产力和固碳能力。根据"2021 年柳州市碳汇乡村振兴项目"，一棵树一年碳汇量为 8.6 千克，单位地方生产总值碳排放强度下降量完成国家和自治区下达的降碳考核指标，尽早实现碳达峰。

第六节　社会效益

项目实施后改善生产、生活条件，提高柳江流域人民收入水平，改善生产生活水平和人居环境，提高居民幸福感，促进绿色可持续发展，促进社会和谐稳定。在全社会营造关心生态环境、支持生态保护的良好气氛，树立起人与自然和谐共处的文明理念，实现人与自然和谐发展。

一、改善生产生活条件，提高农民收入水平

项目的实施将增加有效耕地面积，提高耕地质量，促进当地农业产业结构调整、优化，有利于调种植规模和模式、有效缓解人地关系矛盾、改善农业生产条件、优化区域经济发展结构，达到改善农民生产生活条件，提高收入的目的，可

增加当地群众收入约 500 元/年·人。同时，抵御自然灾害的能力得以增强，土地资源可持续利用能力增强，从而粮食生产能力增强，保障了粮食生产安全。

二、改变传统观念，促进社会和谐稳定

项目的实施可引导、鼓励广大农民群众在生产和生活中保护生态、减少污染，对改善山区人居环境，构建和谐社会具有重要的推进作用。在感受到生产、生活方式的转变以及生活环境和生活水平改善的基础上，必将极大地调动地方民众参与新农村建设的积极性，也必将树立农民热爱家园，维护民族团结和稳定的自觉性。

三、改善投资环境，促进经济发展和乡村振兴

本项目是一项系统性工程，涉及生态保护、修复治理，目的在于改善区域生态环境，促进生态与经济发展的"双赢"，也可以促进投资环境的改善，实现跨越发展、绿色发展、和谐发展、统筹发展。好的环境吸引产业入驻，推动经济发展，拓展更多的就业机会，增加居民收入。同时实现乡村土地盘活面积约 5.330 4 平方千米，增加就业岗位 25 000 个以上，有利于经济发展和乡村振兴。

四、树立生态文明理念，实现人与自然和谐发展

项目的实施，有利于打造绿色人居环境，树立尊重自然、保护自然、善待自然的科学理念，营造全社会关心生态、支持生态的良好氛围，在巩固生态效益的基础上，稳步提高农民的生产水平和生活质量，形成全社会动员，共治、共管、共享的生态文明新格局，共同构建生态文明社会，实现人与自然和谐发展。

第七节　经济效益

通过柳江流域山水林田湖草生态保护修复工程，统筹山上山下、地上地下、流域上下游进行整体保护、系统修复、综合治理，产生的经济效益显著，有助于区域经济社会的可持续发展，筑牢了长江上中游生态屏障，具体体现在以下几个方面：

一、落实生态工程项目，直接带动经济增长

通过水土流失治理工程、矿山环境修复工程、流域水环境保护与整治工程、

生物多样性保护以及土地整治与土壤改良工程，推动了经济发展，直接拉动GDP增长，尤其是对当地生态经济产业的发展起到巨大推动作用，实现第一产业和第三产业增加值分别增长7%和8%，人均GDP增长6.5%。

二、实现生态产品价值，助推旅游增效升级

柳江流域山水林田湖草生态保护修复工程项目的实施大大改善了柳江流域及周边的环境，良好的土壤、空气、水环境增加了产品的生态价值，通过碳排放交易、排污权交易、水权交易、土地指标交易等带来经济效益。流域、湿地等生态系统及农田、水产养殖场等人工生态系统质量得到较大的提升，从而提高生态产品供给能力，促进生态系统生产总值（GEP）的增长。同时，能够增加居民绿色生活休闲空间，提升柳江流域品质形象，优化区域生态环境，更能增加旅游业收入，产生极大的经济效益。

三、引入社会资本投入，提升生态经济效益

通过生态修复工程与相关产业规划结合，引导社会资本投入，推广PPP模式，"谁修复，谁受益"的原则，提高了修复区域的土地价值，推动地区的经济发展。项目的实施将取得明显的经济效益，是落实以人为本和全面、协调、可持续的科学发展观的需要，必将为柳江流域、广西乃至全国的可持续发展做出贡献。项目实施后，碳汇年收益为470.01万元，土地盘活收益为99 547.2万元，灾毁农田修复收益为85 522.5万元，土地复垦收益为24 374.4万元。

第七章　柳江流域生态环境保护修复的环境影响分析与节能评价

本项目环境影响评价主要对工程项目在施工期间，对自然环境和社会环境方面的影响，主要包括大气污染、水环境污染、声环境污染、固体废弃物污染以及对生态环境的影响等。从环境保护的角度论证分析其可行性，并对项目施工产生的不利影响提出有效的对策和减缓措施，以及相适应的环境保护措施。

第一节　环境影响分析

一、施工期环境影响分析

（一）大气环境影响

项目施工期主要影响包括施工扬尘、施工噪声和来往运输的车辆尾气等。受影响的区域主要包括施工区和运输线路的道路及两侧的居民。

施工扬尘：施工期挖土，必然在地面上堆积大量的弃土。类比相关调查结果，在不采取防护措施和土壤较为干燥时，开挖的扬尘量约为装卸量的1%；在采取较好的防护措施和土壤较湿时，开挖的扬尘量约为0.1%。如果不采取防尘措施，距施工现场300米范围内将会受到施工扬尘的严重影响，施工现场附近地块的TSP浓度将大幅超标。因此，项目施工应采取防尘措施，将施工扬尘的污染程度降到最低。总体而言，施工期扬尘影响是短暂的，随着基础工程阶段的结束，施工场区扬尘影响将逐渐变小，项目竣工后，该部分影响也会随之消失。

施工机械及汽车尾气：施工使用的各种工程机械（如载重汽车、铲车和推土机等）主要以柴油为燃料，加上重型机械的尾气排放量较大，故尾气排放也使本项目所在区域内的大气环境受到污染，尾气中所含的有害物质主要有

CO、HC、NO$_2$等。施工机械和运输车辆运行时产生的尾气影响范围一般在50米内。

施工单位必须使用污染物排放符合国家标准的运输车辆和施工设备，加强设备、车辆的维护保养，使机械、车辆处于良好工作状态，严禁使用报废车辆和淘汰设备，以减少施工工程机械尾气对周围环境的影响。

交通扬尘：在施工期间，运输车辆利用现有周边道路进出将对周围空气环境带来车辆扬尘的影响。因此，应对驶出施工场地的容易造成扬尘的车辆及时清洗，当通过的道路附近有居民点时须降低车速，减少扬尘产生量。

（二）水环境影响

施工期废水主要包括施工废水和生活污水两部分，其主要污染因子为COD$_{Cr}$、SS、少量石油类等。

施工废水：施工废水主要来自进出施工场地的运输车辆、施工机械和工具冲洗水，以及泥浆废水、砂石料冲洗废水等。因此，应在施工场地内设置沉砂池，对施工废水进行沉淀处理，并在排水口设置土工布，拦截大的块状物以及泥沙后，经沉淀池隔油沉淀处理后全部回用于现场洒水，不外排。使用性能良好的汽车和施工机械，及时保养和维修，防止漏油。

生活污水：生活污水主要来自施工人员，生活污水中污染物主要为餐饮污水和人体排泄物等，排污量与施工期工人数有关，该部分污水经隔油池、化粪池处理后，可用作农肥，不外排，对环境的影响不大。

（三）声环境影响

施工期的声环境影响主要包括机械噪音、运输路线噪音。根据噪声源分析可知，施工场地的噪声源主要为各类高噪声施工机械，这些机械的单体声级一般均在80dB（A）以上，且各施工阶段均有大量设备交互作业，这些设备在场地内的位置、使用率有较大变化。噪声预测模式采用《环境影响评价技术导则声环境》（HJ2.4-2009）中推荐点源噪声距离衰减公式和噪声叠加公式预测分析，如土石方阶段多种施工机械同时作业，主要机械昼间噪声分别在厂界外约30米处可达到《声环境质量标准》（GB3096-2008）2类昼间标准限值［60dB（A）］，夜间噪声分别在厂界外约100米处可达到《声环境质量标准》（GB3096-2008）2类夜间标准限值［50dB（A）］。对于项目最近的敏感点，施工过程产生的噪声可能会对其有一定的影响，因此施工单位应采取必要的降噪措施，同时应尽量避开在居民休息时间进行施工和运输材料，以缩小影响范围。

同时，各工程项目的施工阶段物料运输车辆进出施工现场是施工期噪声的另一重要来源。运输车辆载重车产生的噪声声级为 75～85dB（A），对运输线路两侧居民等敏感点会产生一定的影响，运输车辆经过居民点时须降速缓行。

（四）固体废物污染

施工期固体废物主要包括部分子项目涉及的开挖土方、各建（构）筑物的建筑垃圾以及施工人员生活垃圾等。

弃土：部分项目实施开挖作业过程中产生的弃土，在临时堆放和运输、处理过程中都有可能对周边环境造成影响。

建筑垃圾：施工过程中产生的废弃物主要为施工过程中散落的砂浆和混凝土、碎砖渣、金属、木材、装饰装修产生的废料、各种包装材料和其他废弃物等。

生活垃圾：在施工期间，施工人员产生生活垃圾量约为 0.51 千克／（人·天$^{-1}$）。

项目所产生的能回收利用的固体废弃物由废旧部门回收，挖方尽量在场地内平衡，尽量减少弃土量。其他不能利用的废料及弃土应与市容管理部门联系运送至指定地点，不能随意堆置，以免对水体造成影响或造成扬尘污染。采取以上措施后，项目产生的弃土、建筑垃圾和生活垃圾对周围环境影响不大。

（五）生态环境影响

在施工期间，挖方作业等可能会造成地面裸露，加深土壤侵蚀和水土流失，临时占地改变了土地利用性质，破坏区域内自然植被及农作物等；岸坡加固、取土作业及砌石护坡工程施工时会破坏施工面上的现有植被，造成一定量的生物量损失；填塘固基工程施工破坏一定面积的水塘，使岸坡两侧水面面积有所减少而造成一定量的水生生物量的损失。

二、营运期环境影响分析

柳江流域山水林田湖草生态保护与修复工程项目主要以生态保护及修复工程项目为主，大部分属公益类工程，项目完工后能有效保护区域生态环境，提高水资源保障能力，改善矿山生态环境，减少、减轻自然灾害，遏制石漠化及水土流失，修复损毁土地，保护生物多样性等。

一是改善区域流域水环境。通过实施柳江流域水生态环境保护修复工程，完成流域水环境保护治理工程、水系连通工程以及水生态修复工程等，河流环境得到进一步改善，污水垃圾得到有效处理处置，城市建成区内黑臭水体比例明显下降，优化了区域城乡生态环境。河道水生态得到保护与修复，有效保障了区域饮用水安全。

二是修复矿山生态环境。通过矿山环境治理与修复工程的实施，消除矿山地质灾害隐患，修复矿山地形地貌，治理矿山废水，矿山重金属污染问题得到解决，并通过对矿山实施土地复垦，采取土壤重构、植被重建等措施，恢复矿山生态环境，使得矿山生态环境得到综合改善。

三是提高农田质量。通过实施土地综合整治，对耕地集中的区域进行土地平整、土壤培肥、水利基础设施等建设，整体提高区内的耕地质量，增加耕地面积，提升农业生产水平，优化土地利用结构，保护耕地和永久基本农田，提高产出，完善基础设施，带动产业发展，保护修复生态环境，达成建设美丽宜居乡村的目标。

四是石漠化及水土流失情况有所改善。通过开展实施石漠化及水土流失综合治理工程，有效改善和恢复岩溶地区生态环境，遏制石漠化的蔓延，减少水土流失。同时，采取封山育林、人工恢复植被和建设水利水保设施等措施，使岩溶地区森林生态系统得到修复，森林覆盖率增加，森林的生态功能明显提高，有效控制因林草植被丧失、土地石漠化引发的水土流失和自然灾害。

五是生态系统得到有效保护。通过重要生态系统与生物多样性保护修复工程的实施，重点实施柳江干、支流两岸生态保护与修复，实施森林、湿地等重要生态系统的保护与建设，构建以自然保护区为核心，森林公园、湿地公园等为辐射的生物多样性保护网络，为区域内珍稀和濒危野生动植物栖息和繁衍提供良好的保护体系和生存环境。

三、环境影响缓解措施

（一）大气污染防治措施

1. 为了减少施工扬尘对周边环境的影响，项目施工期扬尘的防治采取如下措施：

（1）在场区设置围墙，有围墙时对施工扬尘的控制与无围栏时对比有明显改善，当风速为 2.5 米/秒时，可使影响距离缩短 40%。

（2）在工地内设置相应的车辆冲洗设施和排水、泥浆沉淀措施，运输车辆冲洗干净后出场，并保持出入通道整洁和控制车辆在施工便道、出入口的行驶时速。

（3）施工中产生的物料堆采取遮盖、洒水等扬尘防治措施。

（4）及时清运施工中产生的建筑垃圾、渣土等，不能及时清运的，应在工地内设置临时性密闭堆放设施进行存放或采取其他有效防治措施。

（5）工程高处的物料、建筑垃圾、渣土等用容器垂直清运，禁止凌空抛掷，施工后期清扫出的建筑垃圾、渣土应当装袋扎口清运或用密闭容器清运，外架拆除时应当采取洒水等防尘措施。

（6）禁止在施工现场从事消化石灰、搅拌石灰和其他有严重粉尘污染的施工作业。

（7）施工过程中进行场地开挖、清运建筑垃圾和渣土时产生扬尘较大的作业时，采取边施工边洒水等防止扬尘作业方式。

（8）在施工现场设置密目网，洒水降尘，防止和减少施工中物料、建筑垃圾和渣土等外逸，避免粉尘、废弃物和杂物飘散。

（9）建筑工程的工地路面应当实施硬化，工地出入口5米范围内用混凝土、沥青等硬化，出口处硬化路面不小于出口宽度。并经常清扫，减少施工车辆进出造成的污染。

（10）在项目施工进出口处设置清洗水池，出行车辆须经清洗车轮干净后才能驶出。

（11）运输车辆不能超载运输，同时车载垃圾、渣土等易产生扬尘的物料时，须采取密闭化运输，避免沿路泄漏、遗撒。

（12）施工过程中加强对回填土方堆放场的管理，采取压实、覆盖等措施。

2. 合理制订施工计划，根据平面布局，可对局部提前进行绿化，改善生态景观，减轻扬尘、噪声对环境的影响。

3. 施工结束后，及时对施工占用场地恢复道路或植被。

4. 施工过程应禁止燃烧废弃的建筑材料，工地食堂能源应用液化石油气或电能等清洁能源。

5. 必须使用污染物排放符合国家标准的施工机械、运输车辆，加强施工机械、车辆的维护保养，使车辆处于良好工作状态。

（二）水污染防治措施

通过对施工期排水的合理组织设计、文明施工，加强工地管理，并采取有效的处理措施，可降低施工期废水对环境的影响。主要措施有：

1. 施工期间，建筑工程应严格执行《建设工程施工场地文明施工及环境管理暂行规定》，施工产生的泥浆水不得随意排放，须经沉淀池沉淀后才能排放。

2. 使用性能良好的汽车和施工机械，及时保养和维修，防止漏油；加强工地化品管理，不得随便丢弃涂料等化学品容器，避免油污水和化学品流入土壤、地下水，造成污染。

3. 施工形成的疏松土层要及时压实，视工程进展情况用木桩、沙包和塑料膜等对松土覆盖和压实，减少地表水的携沙量和污染物含量。

4. 施工废水经沉淀池沉淀后回用。

（三）噪声污染防治措施

为降低施工噪声对周围环境的影响，防治措施如下：

1. 建筑工程在施工场地边界设置围挡，减少噪声影响，以确保施工场界噪声达到《建筑施工场界环境噪声排放标准》（GB12523-2011）的要求。

2. 降低设备声级：设备选型上尽量采用低噪声设备，如以液压机械代替燃油机械，振捣器采用高频振捣器等；对一些固定的、噪声强度较大的施工设备，如卷扬机、电锯、切割机等单独搭建隔音棚，或建一定高度和宽度的空心墙来隔声降噪，操作工人佩戴好个人劳动防护用具（如耳塞、耳罩等）；对移动噪声源，如推土机、挖掘机等应安装高效消声器；设备常因松动部件的振动或消声器的损坏而增加其工作时的噪声级，对动力机械设备进行定期的维修、养护；严格按规范操作，尽量降低机械设备噪声源强值。

3. 施工单位要加强管理和调度，提高工效，尽可能集中产生较大噪声的机械进行突击作业，优化施工时间，以便减少施工噪声的污染时间及缩小其影响范围。午间和夜间应避免或禁止施工。项目在城市的，如确因工艺需要必须在夜间施工，必须提前向项目所在地生态环境局提出申请，取得中午或夜间"夜间建筑施工许可"并向周围民众进行公告，在取得民众的谅解后，方可进行施工。

4. 大型运输车在居民区等敏感点行驶时，应保持低速匀速行驶，禁止鸣笛。材料运输线路应选取敏感点较少的路径。

5. 加强对施工工地噪声的监管力度。施工单位应在建筑施工工地显著位置悬挂"建筑施工现场环境保护"标牌，载明工程项目名称、施工单位名称、施工单位负责人姓名、工程起止日期、建筑施工污染防治措施和联系电话等事项。通过实施以上污染防治措施，项目施工期噪声对周围环境的影响能降低到最低，污染防治措施可行。

（四）固体废物处置方法

施工期的固体废弃物主要包括施工土石方、建筑垃圾和施工人员的生活垃圾，必须对这些固体废弃物妥善收集、合理处置，具体采取措施如下：

1. 项目施工过程产生的弃土和建筑垃圾及弃土按《柳州市城市建筑垃圾管理办法》规定到市容环境卫生行政主管部门办理相应手续后，委托有资质的专门运输车辆将建筑垃圾及弃土运往指定地点倾倒、堆放，符合建筑垃圾及弃土的处理要求。

2. 对施工场地人员产生的生活垃圾，应采用定点收集方式，设立专门的容器加以收集，由建设方统一收集并委托当地环卫部门统一收集清运处理，禁止随意堆放、倾倒垃圾和固体废弃物。

3. 制订建筑垃圾处置运输计划，避免在行车高峰时运输。

4. 车辆运输建筑垃圾和废弃物时，必须包扎、覆盖，不得沿途撒漏；运输车辆必须在规定的时间内，按指定路线行驶。

（五）生态环境保护措施

1. 加强对施工人员环保意识的宣教工作，施工期高填深挖路段将破坏地形、地貌，毁灭植被，侵占农田，导致地表裸露，改变土壤结构，使沿线地区的生态结构和功能发生变化，进而影响生态系统的稳定性。因此，应加强对施工人员环保意识的宣教工作，禁止施工人员破坏设计用地以外的植被。

2. 制订细致的施工计划，合理安排施工单元，减少施工面的裸露时间，尽量避免施工场地的大面积裸露。

3. 优化工程挖方和填方，尽量利用现有的地形地貌，以减少土石方开挖量。

4. 做好从施工到工程完工的全方位、全过程水土保持工作，对项目有要求编制水土保持方案的，要求其与主体工程同时设计，同时施工，同时发挥效益。

5. 充分考虑降雨的季节性变化，合理安排施工期，大面积的破土应尽量避开雨季，减少水土流失量。

6. 保护地表上层和植被。项目施工过程中的临时占地和破坏的原有树木，除在施工中应采取防护措施外，应对树木进行移栽，竣工后应及时采取复垦绿化措施。

7. 草皮护坡是一次性营造人工植物群落的工程措施，以使坡面迅速覆盖上植物，所选择的草种应具有下列特点：发芽早，生长快，能尽量覆盖坡面；根部连土性强，能防止表土侵蚀和流动；多年生，且能与周围环境相协调；选取本地常见草种为宜；植草时间以雨季前一个月为宜。

8. 项目施工过程中的临时占地和破坏的原有树木，除在施工中应采取防护措施外，应对树木进行移栽，竣工后应及时采取复垦绿化措施。如果各项措施到位，将可以控制在施工和运作期间对周围环境的影响。在运作期间，预计本项工程不会对生态带来不良影响。

9. 施工结束后及时对施工生产生活区、临时道路等占用的土地进行硬化或恢复植被。

第二节　节能评价

本项目是一项涉及水体环境改善、生态景观改善等内容的跨专业的综合性工程，在总体方案、治理思路、工程布置、建设材料的选择、设备的选型均始终坚持合理利用资源，提高资源利用效益，贯彻节能降耗设计思路，项目所采取的节能措施主要体现在以下几个方面：

第一，材料选择块石、土料以及植被等有利于生态环境和当地易取的材料，减少水泥、砂石等工业能耗较高型材料。

第二，为了改善水生动植物的生存环境，增加水体溶解氧，有必要塑造缓流、急流交错的多水流形态，避免采取水质处理如曝气等措施来改善水质，减少工程运行能耗。

第三，全面落实低影响开发建设理念，采用下生态驳岸、透水铺装、下沉式绿地、植被缓冲带等不同形式的低影响开发措施，实现节能降耗。

一、设备节能

本项目在设备选型上考虑采用技术先进、工作效率高的先进节能型产品。

（1）所有泵、风机、电气设备等均为国家推荐的节能产品。

（2）减少污水处理过程中的总水头损失，降低进水提升泵的提升高度，除此之外，还降低回流污泥的提升高度，以达到减少电耗的目的。

（3）合理分配二级污水提升的高度，降低污水提升电耗。

（4）电耗在机械处理设备中采用最省的机械设备。

（5）做好各工段的能耗计量工作。

二、节水措施

按照经济合理和卫生安全的原则，实行污水再生利用，预留回用系统用地。

对除生活用水外的各类用水均可采用消毒后的尾水，同时尾水也可提供给附近的单位使用，达到节水的目的。

三、电气节能

（1）供电设计采用无功补偿装置，提高功率因数。

（2）选用先进的控制仪表系统，进水流量等实行自动监测，通过 PLC 实现最佳控制，合理调整工况，保证高效工作。

（3）采用新型户外变压器，降低设备空载损耗。采用高光效节能型光源。

四、施工期节能

根据工程的具体情况，将节能管理纳入工程建设的全过程，还可有效地控制施工过程中的能耗。主要措施如下：

（1）主要施工设备选型：根据项目特点以及施工期能耗分析，项目主要耗能设备为开挖和运输机械，应选用能耗低的设备和机械。

（2）主要施工技术和工艺选择：项目在主体工程施工过程中，在施工技术和工艺选择上认真按照节能降耗要求，在多个方面进行研究改进，采取对策措施以达到节能降耗的目标。

（3）施工辅助生产系统及其施工工厂设计：场内交通结合项目永久交通布置统筹规划，合理布线，减少路线长度，缩短运输距离，减少土石方明挖施工对交通运输带来的干扰。

（4）施工期建设管理节能措施：项目在建设管理过程中，应按照节能、节地、节材、节水、资源综合利用的要求，始终贯彻节能降耗设计理念，依照节能设计标准和规定，把节能方案、节能技术和节能措施落实到技术方案、施工管理之中。

第八章　柳江流域生态环境保护修复的社会稳定风险与防范

第一节　社会稳定风险因素

一、可能引发社会稳定风险的因素

（一）项目实施的合法性、合理性遭质疑的风险

项目实施是否与现行政策、法律、法规相抵触，是否有充分的政策、法律依据；是否经过严谨科学的可行性研究论证；建设方案是否具体、翔实，配套措施是否完善。现行政策、法律、法规文件如下：

1. 法律、法规依据

（1）《中华人民共和国土地管理法实施条例》（2021 年 9 月）

（2）《中华人民共和国环境保护法》（2015 年 1 月）

（3）《中华人民共和国水法》（2016 年 7 月）

（4）《中华人民共和国水污染防治法》（2018 年 1 月）

（5）《中华人民共和国水土保持法》（2011 年 3 月）

（6）《中华人民共和国水土保持法实施条例》（2011 年修订）

（7）《中华人民共和国森林法实施条例》（国务院令第 278 号）

（8）《中华人民共和国野生植物保护条例》（国务院令第 204 号）

（9）《中华人民共和国自然保护区条例》（国务院令第 167 号）

（10）《中华人民共和国防洪法》（2016 年 7 月）

（11）《中华人民共和国野生动物保护法》（2018 年）

（12）《中华人民共和国森林法实施条例》（2018 年 3 月）

（13）《中华人民共和国城乡规划法》（2019 年 4 月）

（14）《中华人民共和国非物质文化遗产法》（2011 年 6 月）

（15）《中华人民共和国文物保护法》（2017 年 11 月）

（16）《中华人民共和国文物保护法实施条例》（2017 年 10 月）

（17）《历史文化名城名镇名村保护条例》（2017 年 10 月）

（18）《中华人民共和国自然保护区条例》（国务院令第 167 号）

（19）《风景名胜区条例》（国务院令第 474 号）

（20）《水库大坝安全管理条例》（国务院令第 77 号）

（21）《中华人民共和国河道管理条例》（国务院令第 3 号）

（22）《国家级公益林管理办法》（林资发〔2017〕34 号）

（23）《国家城市湿地公园管理办法（试行）》（建城〔2005〕16 号）

（24）《水产种质资源保护区管理办法》（农业部令 2011 年第 1 号）

（25）《国家湿地公园管理办法（试行）》（林湿发〔2010〕1 号）

（26）《湿地保护管理规定》（国家林业局令第 32 号）

（27）《国家级森林公园管理办法》（国家林业局令第 27 号）

（28）《地质遗迹保护管理规定》（地质矿产部第 21 号）

（29）《饮用水水源保护区污染防治管理规定》（2010 年修订）

（30）《入河排污口监督管理办法》（水利部令第 22 号）

（31）《广西壮族自治区环境保护条例》（2019 年修订）

（32）《广西壮族自治区地质环境保护条例》（2019 年修订）

（33）《广西壮族自治区农业环境保护条例》（2016 年修订）

（34）《广西壮族自治区土地管理实施办法》（2016 年修订）

（35）《广西壮族自治区实施<中华人民共和国城乡规划法>办法》（2016
年修订）

（36）《广西壮族自治区乡镇集体矿山企业和个体开采选矿环境管理办法》
（1992 年）

（37）《广西壮族自治区实施<中华人民共和国水土保持法>办法》（2014
年 7 月修订）

（38）《广西壮族自治区森林和野生动物类型自然保护区管理条例》（2018
年修订）

（39）《广西壮族自治区实施<中华人民共和国渔业法>办法》（2016 年
修订）

（40）《广西壮族自治区陆生野生动物保护管理规定》（2004 年修订）

（41）《广西壮族自治区水生野生动物保护管理规定》（2012 年修订）

（42）《广西壮族自治区湿地保护条例》（2014 年）

（43）《广西壮族自治区工程封山育林项目管理暂行办法》（2004 年）

（44）《柳州市莲花山保护条例》（2016 年）

（45）《柳州市城乡规划管理技术规定》（2019 年）

（46）《柳州市历史文化名城保护条例》（2021 年）

2. 政策文件和相关规划

（1）《国务院办公厅关于鼓励和支持社会资本参与生态保护修复的意见》（国办发〔2021〕40 号）

（2）《中共中央办公厅 国务院办公厅〈关于建立以国家公园为主体的自然保护地体系的指导意见〉》（2019 年）

（3）《关于推进山水林田湖生态保护修复工作的通知》（财建〔2016〕725 号）

（4）《财政部办公厅 自然资源部办公厅 生态环境部办公厅关于组织申报中央财政支持山水林田湖草沙生态保护和修复工程项目的通知》（财办资环〔2021〕8 号）

（5）自然资源部办公厅、财政部办公厅、生态环境部办公厅联合印发《山水林田湖草生态保护修复工程指南（试行）》（自然资办发〔2020〕38 号）

（6）《自然资源部办公厅 财政部办公厅关于印发〈中央重点生态保护修复资金项目储备库入库指南（2020 年）〉的通知》（自然资办函〔2020〕1209 号）

（7）《财政部 自然资源部 生态环境部 国家林草局关于加强生态环保资金管理 推动建立项目储备制度的通知》（财资环〔2020〕7 号）

（8）财政部《关于印发〈重点生态保护修复治理资金管理办法〉的通知》（财资环〔2021〕100 号）

（9）《国务院办公厅关于生态环境领域中央与地方财政事权和支出责任划分改革方案的通知》（国办发〔2020〕13 号）

（10）《南方丘陵山地带生态保护和修复重大工程建设规划（2021—2035 年）》

（11）《全国重要生态系统保护和修复重大工程总体规划（2021—2035 年）》

（12）《中国生物多样性保护战略与行动计划（2011—2030 年）》（环发〔2010〕106 号）

（13）《中国生物多样性保护优先区域范围》（2015 年）

（14）《全国主体功能区规划》（国发〔2010〕46 号）

（15）《国家重点生态功能保护区规划纲要》（环发〔2007〕165 号）

（16）《全国生态脆弱区保护规划纲要》（环发〔2008〕92 号）

（17）《全国生态功能区划（修订版）》（2015 年）

（18）《关于划分国家级水土流失重点防治区的公告》（水利部公告 2006 年第 2 号）

（19）《广西壮族自治区党委办公厅 自治区人民政府办公厅印发〈关于全面推行河长制的实施意见〉和〈全面推行河长制工作方案〉的通知》（2017 年）

（20）《广西壮族自治区自然资源厅办公室关于做好 2022 年国土空间生态修复项目储备库申报入库工作的通知》（桂自然资办〔2021〕239 号）

（21）《广西壮族自治区自然资源厅办公室关于做好生态环保资金项目储备工作的通知》（桂自然资办〔2021〕171 号）

（22）《广西壮族自治区国民经济和社会发展第十四个五年规划和 2035 年远景目标纲要》（2021 年）

（23）《广西壮族自治区矿产资源总体规划（2016—2020 年）》

（24）《广西壮族自治区土地利用总体规划（2006—2020 年）》（2009 年）

（25）《广西壮族自治区土地管理实施办法》（1992 年修订）

（26）《广西壮族自治区人民政府关于"三线一单"生态环境分区管控的意见》（桂政发〔2020〕39 号）

（27）《广西环境保护和生态建设"十四五"规划》（2021 年）

（28）《广西壮族自治区生态功能区划》（桂政办发〔2008〕8 号）

（29）《广西壮族自治区主体功能区划》（桂政发〔2012〕89 号）

（30）《广西壮族自治区水功能区划》（2002 年）

（31）《广西北部湾经济区发展规划》（桂政办发〔2014〕97 号）

（32）《珠江—西江经济带发展规划》（发改地区〔2014〕1729 号）

（33）《广西西江流域生态环境保护规划》（2015 年）

（34）《广西壮族自治区生物多样性保护战略与行动计划（2013—2030 年）》（桂环发〔2014〕12 号）

（35）《广西壮族自治区国土空间规划（2021—2035 年）》

（36）《广西壮族自治区水土保持规划（2016—2030 年）》

（37）《柳州市水土保持规划（2019—2030 年）》

（38）《柳州市湿地保护总体规划（2017—2035年）》

3. 规范和标准

（1）《山水林田湖草生态保护修复工程指南（试行）》（2020年8月）

（2）《生态环境状况评价技术规范》（HJ192-2015）

（3）《矿山生态环境保护与恢复治理技术规范（试行）》（HJ651-2013）

（4）《水土保持综合治理技术规范》（GB/T16453.5-2008）

（5）《水土保持监测技术规程》（SL277-2002）

（6）《城镇污水处理厂污染物排放标准》（GB18918-2002）

（7）《饮用水水源保护区标志技术规范》（HJ/T433-2008）

（8）《全国水环境容量核定技术指南》（2003年）

（9）《生活杂用水水质标准》（CJ/T48-1999）

（10）《地表水环境质量标准》（GB3838-2002）

（11）《地下水环境质量标准》（GB/T14848-2017）

（12）《风景名胜区规划规范》（GB50298-1999）

（13）《风景名胜区详细规划标准》（GB/T51294-2018）

（14）《造林技术规程》（GB/T15776-2016）

（15）《封山（沙）育林技术规程》（GB/T15163-2004）

（16）《生态公益林建设技术规程》（GB/T18337.3-2001）

（17）《喀斯特石漠化地区植被恢复技术规程》（LY/T1840-2020）

（18）《石漠化治理造林技术规程》（DB45/T626-2009）

（19）《岩溶石漠化生态系统服务评估规范》（LY/T2902-2017）

（20）《岩土工程勘察规范》（GB50021-2001）

（21）《建筑边坡工程技术规范》（GB5033-2013）

（22）《滑坡防治工程设计与施工技术规范》（DZ/T0219-2006）

（23）《滑坡崩塌泥石流调查规范》（DZ/T0261-2014）

（24）《崩塌、滑坡、泥石流监测规范》（DZ/T0221-2006）

（25）《危岩防治工程技术规范》（DB45/T1696-2018）

（26）《历史文化名城保护规划规范》（GB50357-2005）

（27）《土壤环境质量农用地土壤污染风险管控标准（试行）》（GB15618-2018）

（28）《中国地质调查局地质调查技术标准》（DD2019-09）

（29）《矿山生态环境保护与污染防治技术政策》（环发〔2005〕109号）

（30）《生态环境健康风险评估技术指南总纲》（HJ1111-2020）

（31）《环境影响评价技术导则总纲》（HJ2.1-2016）

（32）《生态环境状况评价技术规范（试行）》（HJ/T192-2006）

（33）《自然保护区生态环境保护成效评估标准（试行）》（HJ1203-2021）

（二）群众意见的风险

根据实地调查，项目区范围内由于各项基础设施不够发达，居民迫切需要改善生产生活和基础设施等基本条件。在实施过程中若未与居民充分沟通交流，容易发生不必要的误会和误解，从而出现群众支持工程建设变为群众阻碍工程建设的情况。

（三）利益诉求问题的风险

在工程施工过程中，建设单位对当地居民的特殊需求考虑不周，对居民关心的环境和生态问题及能否安排劳动就业等问题，居民如果无正常的沟通、反映和诉求渠道时，会因小失大，矛盾的不断累积会引发大的矛盾或事端，不利于工程建设。

（四）社会治安问题的风险

当地居民与建设单位或施工单位人员发生矛盾引发的社会治安问题、施工单位内部人员产生矛盾引发的社会治安问题、其他社会治安问题波及工程建设等。无论哪种形式的社会治安问题的出现，都会在一定程度上影响或阻碍工程的建设。

（五）环境问题的风险

项目施工会产生一些粉尘，施工机械会有作业噪声，挖掘机械及运土车辆对环境卫生的破坏现象将不同程度地存在，项目占地可能对生态环境带来一定的影响，建设单位对当地居民关心的环境和生态问题等管理不到位。

二、风险因素的评价及初步结论

（一）项目合法性、合理性遭质疑的风险评价

该项目的合法性、合理性遭质疑的风险很小，项目的建设符合区域经济发展需要及城镇居民利益要求，利于当地经济社会和谐稳定发展，促进柳江流域（柳州）生态文明建设。

（二）群众意见的风险评价

该项目的群众意见的风险很小。该项目实施后，将提升柳江流域（柳州）的生态环境，解决生态保护与经济发展的矛盾，城镇居民生产生活环境得到大大改善，带来了生命财产的保障，生产生活得到保证，群众意见的风险很小。

（三）利益诉求问题的风险评价

该项目利益诉求问题的风险较小。在施工过程中，已经充分考虑了对环境的不利影响，环境保护已在设计中投入费用。业主及建设单位应多与居民沟通，开通诉求渠道，满足正当的诉求，解决不必要的矛盾。

（四）社会治安问题的风险评价

该项目社会治安问题的风险较小。柳州市当地民风淳朴、热情好客，只要业主及施工单位能满足其正当的要求，群众不会扰乱治安。施工单位内部应严格管理，内部人员产生矛盾时应由管理人员调解，寻求最佳解决方案。其他社会问题应由当地政府及公安部门共同解决与维护。

（五）环境问题的风险评价

该项目环境问题的风险较小。在施工过程中，建立严格的监管组织机构，对发现的问题及时进行现场核查，并通报地方政府和行业主管部门，提出处理建议。定期或不定期开展联合执法检查，统一生态保护区域行政执法权限，严厉查处生态保护区内各种破坏生态环境和有损生态功能的不法行为。加强日常巡护，开展例行监测，严密监控违法违规活动，严格执法。

（六）初步结论

上文已对项目实施可能引发的不利于社会稳定的5类风险可能性大小进行了单项评价，为便于度量整体风险的大小，有必要对各类风险的可能性大小进行量化，然后确定综合风险大小。

根据专家经验确定每类风险因素的权重，取值范围为 [0，1]，取值越大表示某类风险在所有风险中的重要性越大。其次确定风险可能性大小的等级值，上文已将风险划分为5个等级（很小、较小、中等、较大、很大），等级值按风险可能性由小至大分别取值为 0.2、0.4、0.6、0.8、1.0，将每类风险因素的权重与等级值相乘，求出该类风险因素的得分。

从表8-1中可看出，该项目实施可能引发的不利于社会稳定的综合风险值为 0.19，风险程度低，意味着工程实施过程中出现群体性事件的可能性不大，但不排除会发生个体矛盾冲突的可能。

表 8-1　风险综合评价

风险因素	权重	风险发生的可能性					
		很小 0.2	较小 0.4	中等 0.6	较大 0.8	很大 1.0	综合
合法性、合理性遭质疑的风险	0.2	√					0.05

表8-1（续）

风险因素	权重	风险发生的可能性					
		很小 0.2	较小 0.4	中等 0.6	较大 0.8	很大 1.0	综合
群众意见的风险	0.2	√					0.04
利益诉求问题的风险	0.1		√				0.05
社会治安问题的风险	0.1		√				0.04
环境问题的风险	0.05	√					0.01
综合风险							0.19

通过对项目实施过程中可能引发的不利于社会稳定的几大类风险可能性大小进行分析评价，项目建成后，将促进柳江流域（柳州）生态文明建设和实现区域可持续发展，同时会降低引发个体矛盾冲突、一般性群体事件、大规模群体事件的可能，由此可见，该项目的实施不会对社会稳定造成任何影响。

第二节　社会稳定风险的防范措施

针对项目实施可能引发的风险及其评价，应采取下述风险防范措施：

一、项目实施的合法性、合理性遭质疑的风险化解措施

认真贯彻执行国家相关的法律、法规，在规划设计中采取合理、科学严谨的态度以及本着实事求是的精神，以相关国家、行业规范标准为依据，做好项目的规划设计。

二、群众意见的风险化解措施

在群众总体支持项目建设的前提下，针对群众较为关心和关注的问题，作为重要关注点。

（1）工程施工用工和建筑材料，尽可能吸纳和采用当地居民和材料，为地方提供更多的就业机会，提高居民经济收入。

（2）基础设施建设过程中在满足工程要求的同时，尽可能方便当地居民，改善当地其他基础设施条件。

（3）针对当地特殊贫困人群实施帮扶措施，落实和解决群众较为关心的问题。

三、利益诉求问题的风险化解措施

（1）当地政府和建设部门设立专门部门，听取居民正常诉求。

（2）主动了解居民思想动态和诉求需求。

（3）及时解决和处理相关利益方的诉述，对不能及时解决的应协调有关部门解决。

（4）保持利益相关方诉求渠道的畅通，并及时与当地政府部门密切配合，解决有关问题。

四、社会治安问题的风险化解措施

（1）与当地有关部门配合，加强居民和施工人员法制教育。

（2）施工单位对施工外来人员的教育管理工作，应充分尊重当地群众的生活习惯、宗教信仰和风俗特点。

（3）当地公安部门按照有关规定加强对外来人口的管理和社会治安管理工作，打击违法犯罪活动，营造良好环境。

（4）施工单位及时兑现人员工资，若出现拖欠问题，业主在劳动部门的配合下，有权代扣施工单位的工程结算款用于发放施工人员尤其是民工工资。

（5）开展形式多样、内容丰富的"地企共建"活动，增进了解与友谊，共同构建和谐社会。

五、环境问题的风险化解措施

（1）针对工程施工造成的自然环境和生态环境不利影响，严格按照有关规定采取措施，使不利影响最小化。

（2）合理进行施工布置和作业程度，减少不利环境影响，减轻噪声、扬（粉）尘、污水等对居民的影响。

（3）加强对建设单位的环境保护工作的指导和监督，同时适度增加项目区的环境监测力度，防范各类环境问题风险。

第九章 柳江流域生态环境保护修复的保障体系

为确保柳江流域生态环境保护修复工程的顺利实施，应从组织保障、政策保障、技术保障、资金保障和管理机制五个方面构建保障体系，多维度全力保护柳江流域（柳州）生态环境。

第一节 组织保障

一、加强组织领导

为了保证柳江流域（柳州）生态保护与修复工作的顺利开展，有必要建立组织管理机构，成立柳江流域（柳州）山水林田湖草生态保护修复工程协调领导小组，领导小组办公室设在自治区自然资源厅，以自治区财政、发展改革、生态环境、城乡建设、水利、林业、农业农村等部门和柳州市政府为小组成员。具体工作由广西壮族自治区自然资源厅和柳州市人民政府组织完成，负责目标任务的确定，研究和决策实施过程中的重大问题，实施过程中的组织领导、协调和督办。柳州市人民政府是该项目的业主单位，柳州市自然资源和规划局是该项目的主管单位；落实技术承担单位，并在业主单位和主管单位的指导和配合下负责柳江流域生态环境保护修复实施方案和可行性研究报告的编制。最后，根据实施方案确定的建设目标和任务，实施分级领导与分级管理，层层落实责任制，划分到各市（县、区），定期组织召开会议听取各市（县、区）项目进展情况汇报，及时协调解决项目建设中的重大问题。项目各成员单位要各司其职、各负其责、通力协作、密切配合、形成合力，抓好项目建设，保证步调一致，确保发挥预期效益，统筹推进生态修复工作的实施。

二、明确各主体工作责任

按照自治区级统筹、市厅级组织、县级实施的原则，明确各市（县、区）人民政府为生态保护与修复工作的责任主体，成立市、县级山水林田湖草生态修复工程指挥部，由政府主要负责人任指挥长，对本行政区域内的生态修复工作负总责，同时根据国家、自治区的工作部署、目标任务，制定具体实施方案，明确量化目标、落实时间表、路线图、责任人，开展项目立项、实施、管理、验收管控，对施工质量和工程进度进行检查、督促和指导，高效有序开展工作。建立规划实施与领导干部考核相结合的机制，实行一把手负责制和目标管理责任制，完善工作机制，明确工作责任制，制定实施规划，确保项目的顺利实施，构建"自治区级统一领导、市县组织实施、部门分工协作、社会共同参与"的生态修复工作格局。

三、分类施策统筹推进

按照既定任务目标，在工程实施过程中，开展动态评估，加强绩效管理，确保项目按期完工、资金使用取得实效。一是科学合理制订绩效目标，尽量采用可量化、可考核指标，完善评价机制，规范评价程序。二是积极引入第三方机构独立开展评价，提高评价质量和公信力，评价结果应以适当方式向各市反馈。三是加强评价结果的应用，对绩效良好的市和项目优先安排中央补助资金。明确主体责任，建立柳江流域（柳州）山水林田湖草生态保护与修复领导小组。柳州市及各县政府是贯彻实施本方案的主体，但山水林田湖草生态保护修复是一项涉及面广、综合性强、周期性长的系统工程，要加强当地各级政府以及市、县相关部门在项目实施中的作用，建立流域联防联控机制，加强地方政府和各主管部门的协调。建立健全跨部门、跨区域、跨流域环境保护议事协调机制，加强柳州市各县政府之间的协调、会商，探索联合监测、联合执法、应急联动、信息共享等流域间联防制度。

四、建立长效工作机制

对列入柳江流域（柳州）山水林田湖草生态保护修复工程的项目，在方案推进过程中优先实施，建立生态环境保护长效管护机制，出台相关法律法规制度、制定相应的管理办法、建立巡查网络、落实环境问题监测预警、日常巡查报告、问题移交处置、信息通报督办等制度，巩固项目实施成果，确保区域生态安全。在现有领导小组指导下，柳州市要强化主体责任，建立健全领导机制和工作机制。采取市、县（区）、乡（镇）、村委、自然村（组）五级联动机制，层层落实，形成从上到下、齐心协力、共同推进土地综合整治的实施体系。领导小组统一领导、协调项目过程中可能出现的重大问题，统筹推进山水林田湖草生态保护与修复工作，保障该项目的实施。在现有领导小组下设办公室和督导小组，负责建立规章制度，做好项目实施监管、资金筹措、进度管理等工作。乡镇人民政府成立工作协调小组，负责组织宣传发动、工程监督、调解矛盾纠纷，全面配合项目实施工作。村民委员会、村民小组和农村集体经济组织应当配合做好各项工作。

第二节　政策保障

一、国家层面提供了有力的政策指引和支持

以习近平总书记新时代中国特色社会主义思想为指导，全面贯彻落实党的十九届五中全会精神，深入贯彻习近平总书记生态文明思想，按照党中央、国务院决策部署，落实习近平总书记提出的"遵循自然规律和客观规律，统筹推进山水林田湖草综合治理、系统治理、源头治理"的新发展理念，坚持人与自然和谐共生基本方略，坚持节约利用，保护优先、自然恢复为主的方针，为柳江流域（柳州）山水林田湖草生态保护修复工程的实施提供了有力的政策指引和支持。

二、完善地方法律法规体系

为进一步保护柳江流域（柳州）山水林田湖草沙一体化保护和修复，规范柳江流域（柳州）资源开发利用和管理，广西各级政府和主管部门应研究出台一系列的政策措施，高质量推进山水林田湖草沙一体化保护。依托国家有利政策，制定切实可行的生态环境保护和综合治理的地方性政策措施，进一步完善相关法规体系建设，加强对柳江流域（柳州）生态环境的保护，将流域生态保护的有关规定上升为地方性法规。2018年，广西出台了《广西壮族自治区重点生态保护修复治理专项资金管理办法》（桂环函〔2018〕746号）等相关政策，明确了重点生态保护修复治理专项资金管理职责分工以及项目调整、绩效管理、验收等工作要求，进一步健全了制度体系。同时，柳州市各级地方政府依托柳江流域（柳州）生态环境保护需要，严格执行有关法律法规，加强执法监督体系的建设力度，完善各项奖惩机制，建立投入新机制，以促进生物多样性的保护和经济的可持续发展。

第三节　技术保障

一、组建咨询智库，统筹人才力量

开展流域山水林田湖草生态保护修复工程，涉及面广、政策性强、专业技术要求高，为推进工程实施，在项目实施过程中，应聘请山水林田湖草生态保护修复相关领域专家，组建由自然资源部、自然资源厅、生态环境厅、水利厅、财政厅等多部门组成的高水平、专业化的专家咨询团队，负责修复工程实施的技术指导和政策咨询工作，全程跟踪项目实施，确保示范区生态保护修复工程工作符合国家政策要求和技术规范，以达到预期效果。

充分发挥高校、科研机构、企业和行业协会等各方力量的作用，加强产学研协同创新，引进技术人才，开展生态环境保护和修复技术、生态环境监测技术、生物资源开发技术、水资源合理利用技术等关键性的科技攻关、集成和示范，制定切实可行的科技支持方案，提高生态修复工程项目决策与实施的科学性、合理性、可行性。加快科技成果的转化，加强科技培训，注重实用技术的推广和应用。自然资源、生态环境、水利、农林等行业的相关单位要切实加强山水林田湖草沙生态保护和修复工程的技术指导，提供工程勘查、项目设计的有关资料。要组成由自然资源、环境保护、水利、农林、建设工程等行业专家为骨干人员的自治区、市、县三级专家组，按跨市域工程项目、跨县域工程项目和县级政区内实施的工程项目履行技术监控责任，从技术层面保证生态、社会、经济三者协调推进，实现生态保护修复资金满足效益最大化要求。

二、建立监测监管系统，强化科技支撑

目前广西壮族自治区自然资源厅已经建立了广西壮族自治区国土空间生态修复监测监管平台，柳江流域（柳州）山水林田湖草生态保护修复工程监测系统，主要依靠该平台实施运行管理。监测周期为综合调查评价后，工程保护修复恢复治理期和工程竣工验收后的 1~2 年。监测周期可根据监测成果视工程需要予以延长。

在综合调查评价的基础上，针对重要生态系统及重要生态功能区内的生态敏感因子部署监测网点，将数据及时更新至已有的监测监管平台。监测平台的建设可把控整个柳江流域（柳州）的生态环境状况，全面覆盖生态环境的各个组成要素，对山水林田湖草、气候、生物等自然资源和人类工程活动进行全

方位、全面的监测。同时在矿山生态地质环境问题、流域水环境问题、土地资源与土壤污染问题、生物多样性等生态环境问题突出、集中分布且动态变化较大的区域，加大监测网点布设密度和频率，加强生态环境问题突出区域的监测监管。通过监测监管系统的建立，进一步认清区域生态环境问题，评估区域生态环境问题动态变化，预测生态环境发展趋势，为区域生态环境保护修复和发展规划、后期生态修复绩效评估提供基础数据，为政府部门下一步工作提供科技支撑。

第四节　资金保障

一、争取多元资金投入

积极争取中央资金支持和地方财政投入的同时，促进多元融资。引导社会资本投入，设立环保基金，采用 PPP 模式鼓励社会资本加大对生态环境保护的投入。采取环境绩效合同服务、授予开发经营权益等方式，鼓励社会资本加大对柳江流域（柳州）山水林田湖草生态保护修复的投入。充分发挥环保投资公司的平台作用，吸引更多社会资本、民营资本，推动全市环保产业和环境治理的发展。通过共建教学科研基地和设施、设备与服务，以合作或协助的方式吸引有关高校和科研院所开展科研项目，从而引进科研资金。广泛开展国际合作，积极争取国际组织和国外民间团体的资助；制定灵活可行的政策，创造减税、物质鼓励等优惠条件吸引投资方积极向区域内投资。

二、加强资金整合

整合生态环境相关专项资金。加大生态保护修复工程建设的资金支持力度，整合使用现有生态修复专项资金、水土保持、造林补贴、石漠化治理、历史遗留矿山生态修复等各类专项资金，按照"职责不变、渠道不乱、资金整合、打捆使用"的原则，优先支持山水林田湖草生态保护修复工程项目，切实做到"预算一个盘子，支出一个口子"，发挥资金使用合力。鼓励各级财政设立"山水林田湖草沙"生态修复专项资金，以财政资金为先导，吸收社会资本参与，设立自治区级绿色发展基金，充分发挥财政资金杠杆作用，撬动社会资本，培育、扶持、促进生态修复产业发展；鼓励有一定收益的项目申请地方政府专项债券。调整公共财政投入结构，向重点扶持的生态保护与修复公益性项目倾斜，如历史遗留或责任主体灭失的矿山地质环境治理、土地生态恢复与治理、水环境治理与保护、生物多样性保护、森林和湿地生态修复等，优先保证上述相关项目的落实。财政投入注重实效，对资金实际使用情况实时动态监督，提高资金使用效益。

三、规范资金使用

制定资金管理办法，项目建设资金严格执行"专人管理，单独建账，独立核算"的有关规定，各级财政采用专账管理措施，确保中央奖补、自治区级筹措资金专项用于生态保护修复工程。强化财务审计和监督制度，定期、不定期对项目资金使用情况开展审计，每一项工程结束都要有审计部门的决算审计报告，资金监管部门负责对资金使用情况进行核查和监督。通过审计与监督的有效结合，切实提高资金使用效果，确保资金安全，严禁挤占、挪用、串用、截留，对发现的问题及时整改，违法违规的要依法依规严肃处理。

第五节　管理机制

一、建立高效管理制度

建立柳江流域（柳州）山水林田湖草生态保护修复工程定期协调会议制度、重大事项联席会议制度等，明确山水林田湖草生态保护修复工程领导小组的职责和相关部门职责，制定《柳江流域（柳州）山水林田湖草生态保护修复工程实施考核管理方法》《柳江流域（柳州）山水林田湖草生态保护修复项目管理办法》《柳江流域（柳州）山水林田湖草生态保护修复项目资金管理办法》等，建立项目勘查、设计、招投标、实施、管理、验收、专家库管理、成果应用、绩效评价等相关的配套制度。

二、加强项目营运管理

建立柳州市柳江山水林田湖草生态保护修复工程定期沟通协调会制度、重大事项联席会议制度等。建立健全监督检查制度，加强对山水林田湖草生态保护修复工程实施的督促检查，确保各项任务和措施落实到位。严格审计监督，市、区两级财政、审计、监察部门建立公告公示和电话举报制度，对生态保护修复工程的项目设计、招标、监理、验收进行监督，对履职不好、弄虚作假或违规使用管理专项资金的，将依法依规追究责任。资金使用时，应符合国家和地方规定的有关资金合法使用的规定，各项收支都应有明细账。统一采用资金报账制度，对资金的来源、使用、节余及使用效率、成本控制、利益分配等做出详细计划、安排、登记及具体报告。探索和建立跨界生态环境补偿机制，探索采取横向资金补助、开展补偿试点。加强环境信用体系建设，开展绿色信贷政策导向效果评估，定期将环境违法等信息纳入金融信用信息基础数据库，构建守信激励与失信惩戒机制，环保、银行、证券、保险等方面要加强协作联动，建立企业环境行为信用评价体系，严格限制环境违法企业贷款。项目一律严格遵照《中华人民共和国招标投标法》等法律、法规开展投标工作，体现公开、公平、公正的原则，坚决杜绝暗箱操作。监理单位必须经招投标产生，严格实行"四控两管一协调"。"四控"指投资控制、质量控制、进度控制、安全控制，"两管"指合同管理、信息管理，"一协调"指协调工程有关各方关系。要严格执行工程建设管理程序，依法履行环境影响评价手续，按规划编制项目可行性研究报告或年度实施方案，开展施工作业设计。在项目所有前期工作完成后，开始施工建设。要完善管理制度，依据各项管理规定，制定具体的项目管理办法、资金管理办法、招投标办法、项目监理办法、检查验收办法、档案管理办法等。在项目实施过程中，要加强对项目建设的检查监督，同时又要避免重复和多头检查，增强工作效果，严格实行检查验收制度，积极接受国家有关部门或委托单位的检查验收。建立健全责任追究制度，落实"黑名单"制度、项目法人终身责任追究制和项目质量终身责任制，对弄虚作假、情节严重的收回财政资金，并列入失信企业"黑名单"，实行跨地区、跨部门、跨领域的联合惩戒。

三、创新行政监管机制

流域山水林田湖草领导小组办公室对项目实行动态管理，建立项目监测、预警、评估机制；建立健全科学准确、及时动态有效的生态环境监测、分析评估、预警预报、信息共享等监测预警系统；建立项目进度的考核指标体系，完善考评办法，多管齐下促进项目按计划落实；建立项目月报、年报制度，安排专人做好试点项目月报、年报工作。采取"跟踪调研""跟踪检查""跟踪督办"等形式开展督导、督查工作，是保障工程顺利实施、保障"山水林田湖草是生命共同体"理念实现的根本。

参考文献

孟宪智，孙玉兰，胡燕，2003. 滦河流域生态环境自然修复途径探析 [J]. 海河水利（5）：7-10，70.

毛德华，夏军，黄友波，2003. 西北地区生态修复的若干基本问题探讨 [J]. 水土保持学报（1）：15-18，28.

王淑芬，贾玉敏，2005. 浅谈淇河（鹤壁段）水生态环境修复与水源保护 [J]. 河南水利（11）：12.

刘英彩，张力，2005. 干旱河道的生态环境修复模式探索：以滹沱河（石家庄段）生态环境综合治理研究为例 [J]. 规划师（7）：59-64.

何逢标，唐德善，2006. 塔里木河流域生态环境修复探讨 [J]. 人民黄河（5）：3-4.

郭海英，李爱萍，李庆原，2007. 浅谈巴音河流域生态环境现状及生态修复对策 [J]. 内蒙古水利（1）：67-70.

王亚竹，2007. 石羊河流域生态修复需要研究的几个问题 [J]. 农业科技与信息（13）：59-60.

徐建平，2007. 关于水生态环境保护与修复工作的思考 [J]. 水利技术监督（5）：34-36.

孟学农，2008. 举全省之力推进汾河治理修复与保护：在汾河流域生态环境治理修复与保护工程动员大会上的讲话 [J]. 前进（6）：4-7.

杨萍，2009. 建立地震灾区生态补偿长效稳定机制研究 [J]. 农村经济（12）：96-99.

钱敏，2009. 治淮与新中国共进步同发展 [J]. 治淮（10）：4-7.

赵晓旭，李四新，田伟，2009. 山东省海河流域骨干河道水生态环境存在问题及修复措施 [J]. 山东水利（8）：54-56.

刘名镇，2009. 搞好鱼类放流增殖修复闽江生态环境 [J]. 渔业致富指南（9）：10.

王长明, 2010. 生态水利是可持续发展的必然选择: 海河流域沧州区域生态环境修复设想 [J]. 水利规划与设计 (2): 11-14.

马翠萍, 2011. 汾河流域生态环境治理修复与保护管理信息系统建设 [J]. 华北国土资源 (3): 43-45.

余明勇, 2011. 四湖流域水生态环境保护与修复探讨 [J]. 中国水利 (13): 18-20.

韩通, 乔立, 王鹤龄, 2011. 祖厉河流域生态环境修复型农业经济模式探讨 [J]. 甘肃科学学报 (2): 61-65.

罗小勇, 李斐, 张季, 等, 2011. 长江流域水生态环境现状及保护修复对策 [J]. 人民长江 (2): 45-47.

雷阿林, 李志军, 李迎喜, 2011. 构建长江开发与保护的和谐关系 [J]. 人民长江 (2): 90-93.

李春生, 2012. 柳河流域生态环境修复模式探讨 [J]. 山东林业科技 (2): 92, 100-101.

杨建慧, 2013. 山西汾河流域太原段修复治理的思考 [J]. 经济问题 (12): 121-124.

王贤平, 樊洪霞, 2013. 珠江流域综合规划实施效果分析 [J]. 人民珠江 (S1): 37-38.

张学志, 陈伟, 2014. 辉发河流域生态环境修复措施探讨 [J]. 东北水利水电 (4): 43-45.

刘一洲, 2015. 湘江治理与生态修复 [J]. 品牌 (下半月) (11): 263-264.

张华钢, 孔小莉, 陈霞, 2015. 汉江中下游生态环境变化趋势及对策研究 [J]. 中国环境管理干部学院学报 (6): 35-37, 59.

董立军, 戎晓良, 李卫兵, 2015. 黄河流域内蒙古段水生态环境的修复与保护 [J]. 内蒙古水利 (5): 72-73.

王理德, 徐丰, 韩福贵, 等, 2015. 民勤绿洲生态环境保护修复与可持续发展 [J]. 农学学报 (4): 52-57.

王洪铸, 王海军, 刘学勤, 等, 2015. 实施环境—水文—生态—经济协同管理战略, 保护和修复长江湖泊群生态环境 [J]. 长江流域资源与环境 (3): 353-357.

程国旗, 2016. 沁河流域生态环境问题分析及修复建议 [J]. 山西水利 (7): 10-11.

杨昆, 贺磊, 许乃中, 等, 2016. 柳江流域生态系统服务价值的影响研究 [J].

生态科学（4）：148-156.

廖春贵，胡宝清，熊小菊，2017. 基于 GIS 的广西西江流域人地关系地域系统耦合关联分析 ［J］. 广西师范学院学报（自然科学版）（3）：59-65.

李辈辈，2017. 流域水环境修复技术综述 ［J］. 环境与发展（8）：224，226.

周永华，胡宝清，王钰，2017. 基于 RS 技术和 TVDI 指数的广西西江流域春旱遥感监测研究 ［J］. 中国农村水利水电（10）：169-173.

周建军，张曼，2017. 当前长江生态环境主要问题与修复重点 ［J］. 环境保护（15）：17-24.

钟利华，曾鹏，史彩霞，等，2017. 西江流域面雨量与区域大气环流型关系 ［J］. 应用气象学报（4）：470-480.

高慧琴，代健，沈艳，等，2017. 西江流域洪水组成与遭遇分析 ［J］. 人民珠江（7）：18-21.

刘毅，韦建财，周海喜，等，2017. 柳江流域中游 3 种人工林的水源涵养功能 ［J］. 林业与环境科学（2）：1-7.

张叔敏，2017. 介休市河流生态环境治理修复思考 ［J］. 山西水利（3）：21-22.

刘志彪，2017. 重化工业调整：保护和修复长江生态环境的治本之策 ［J］. 南京社会科学（2）：1-6.

宋燕琴，2017. 张掖市黑河湿地湖泊生态环境保护项目：临泽县大沙河流域综合治理和生态修复工程效益分析 ［J］. 农业科技与信息（2）：34-35.

张连伟，张琳，2017. 北京永定河流域生态环境的演变和治理 ［J］. 北京联合大学学报（人文社会科学版）（1）：118-124.

张笛，胡宝清，2018. 广西西江流域新型城镇化质量评价 ［J］. 广西师范学院学报（自然科学版）（4）：86-91.

邓正苗，谢永宏，陈心胜，等，2018. 洞庭湖流域湿地生态修复技术与模式 ［J］. 农业现代化研究（6）：994-1008.

马宝祥，2018. 环京津生态环境修复工程回顾 ［J］. 水科学与工程技术（5）：37-39.

黄洁，2018. 村镇之间：桂北都柳江流域两个花炮节传承的比较研究 ［J］. 百色学院学报（5）：67-76.

李宁，李翔宇，景泉，等，2018. 基于性能模拟和数据分析的遮阳形体设计模式研究：以广西西江流域民居为例 ［J］. 建筑学报（S1）：149-152.

杨竹雨，蔚荣华，郭浩房，2018. 关于水生态环境保护与修复工作的探究 ［J］.

环境与发展（5）：197-198.

张立杰，李健，2018. 西江流域环境资源公平性评价［J］. 中国沙漠（3）：
673-680.

郜志云，姚瑞华，续衍雪，王东，2018. 长江经济带生态环境保护修复的总体
思考与谋划［J］. 环境保护（9）：13-17.

张立杰，李健，2018. 基于 SPEI 和 SPI 指数的西江流域干旱多时间尺度变化特
征［J］. 高原气象（2）：560-567.

刘临雄，奉海春，邱房贵，2018. 新常态下的西江流域治理：困境与出路［J］.
珠江水运（7）：110-112.

何松立，黄建翔，蒙美洁，等，2018. 桂东南西江流域农村生活污水处理实践
探讨：以广西梧州大坡镇为例［J］. 肇庆学院学报（2）：52-55.

蒋兴国，郑杰，叶其炎，2018. 祁连山山水林田湖草保护修复调查研究之一：
张掖祁连山黑河流域生态环境保护的重大意义［J］. 边疆经济与文化（1）：
29-31.

王国棉，2019. 生态文明视域下五台山环境变迁与当代修复［J］. 经济问题
（11）：104-111.

吴一冉，2019. 生态环境损害赔偿诉讼中修复生态环境责任及其承担［J］. 法
律适用（21）：34-43.

张东东，2019. 藤本植物在矿山生态修复中的应用［J］. 中国金属通报（10）：
256，258.

刘涛，2019. 湿地植物对人工湿地生态环境修复的重要性［J］. 环境与发展
（10）：197，199.

崔宇，2019. 露天采矿的生态环境保护及修复对策［J］. 科学技术创新（30）：
40-41.

方德泉，胡宝清，2019. 2000—2016 年广西西江流域植被覆盖时空变化［J］.
大众科技（10）：28-31.

江必新，2019. 关于制定长江保护法的几点思考：以司法审判及法律责任为视
角［J］. 中国人大（20）：17-20.

杨荣金，王丽婧，刘伟玲，等，2019. 长江生态环境保护修复联合研究设计与
进展［J］. 环境与可持续发展（5）：37-42.

柴方营，赵予熙，2019. 穆棱河流域渔业生态环境修复研究［J］. 黑龙江水产
（5）：18-23.

陈娇，张之浩，2019. 湖南长江经济带生态环境修复保护困境与对策研究［J］.

环境与可持续发展（4）：46-49.

才惠莲，2019. 流域生态修复责任法律思考［J］. 中国地质大学学报（社会科学版）（4）：9-18.

冯兆忠，刘硕，李品，2019. 永定河流域生态环境研究进展及修复对策［J］. 中国科学院大学学报（4）：510-520.

王越博，刘杰，王洋，等，2019. 水生态修复技术在水环境修复中的应用现状及发展趋势［J］. 中国水运（5）：96-97.

牛最荣，陈学林，黄维东，等，2019. 阿尔金山东端北部区域生态环境修复模式研究［J］. 冰川冻土（2）：275-281.

张建林，李昌松，2019. 西江流域"一干线三通道"船闸联合调度系统全面建成［J］. 珠江水运（2）：32-33.

林娜，2019. 雄安新区白洋淀生态环境修复和治理［J］. 科技风（4）：110.

李渊，张芮，石岩，等，2019. 干旱绿洲区水资源规划配置与生态环境修复：以石羊河流域民勤绿洲为例［J］. 水利规划与设计（1）：6-8.

李雅静，2019.《生计、生态与秩序：近代清水江、都柳江流域林业经济和社会变迁》评介［J］. 长江大学学报（社会科学版）（6）：125.

雷英杰，2020. 专访山西大地民基生态环境股份有限公司副总经理耿侃矿山生态修复，为大地"疗伤"［J］. 环境经济（22）：35-37.

刘德成，2020. 京津冀矿山环境修复治理措施研究：以玉田县某矿山为例［J］. 环境生态学（11）：69-73.

洪浩，程光，2020. 生态环境保护修复责任制度体系化研究：以建立刑事制裁、民事赔偿与生态补偿衔接机制为视角［J］. 人民检察（21）：1-9.

沈钰，2020. 南运河生态环境修复与环保对策研究［J］. 河北水利（10）：34-35.

黄仲德，2020. 矿山开采对生态环境的影响及矿区生态修复分析［J］. 中国资源综合利用（10）：134-136.

黄顺江，刘治彦，2020. 黄河中上游生态环境治理思路转变：从过度干预到自然修复［J］. 中国发展观察（Z8）：15-16.

魏红，邓小勇，2020. 生态修复刑事司法判决样态实证分析：以清水江流域破坏环境资源保护罪司法惩治为例［J］. 贵州大学学报（社会科学版）（5）：104-116.

苏建军，2020. 黄河流域生态保护和高质量发展背景下甘肃省水生态环境修复治理的思考［J］. 水利规划与设计（8）：9-11.

范余敏，2020. 安阳河流域生态环境保护修复分区研究［J］. 河南科技（22）：142-144.

徐军，叶镕蓉，何敏，2020. 水生态环境损害赔偿制度探讨［J］. 四川环境（3）：197-200.

白玛才吉，2020. 加强草原生态环境治理和修复措施［J］. 畜牧业环境（12）：15.

管婕娅，2020. 长江江心岛"广阳岛"生态修复环境景观设计思考［J］. 重庆建筑（6）：13-16.

汪宽，2020. 矿山环境生态修复技术方法研究［J］. 中国地名（6）：56.

张小雪，苑占伟，2020. 生态环境修复责任承担方式的司法适用：基于347篇裁判文书的样本分析［J］. 山东法官培训学院学报（3）：33-45.

徐本鑫，牛智辉，2020. 环境修复在民事公益诉讼中的适用及其限度［J］. 浙江理工大学学报（社会科学版）（5）：545-551.

安光生，2020. 祁连山生态环境保护与修复对肃南牦牛的影响分析［J］. 畜禽业（6）：58-59.

林兴贵，2020. 汾河流域生态环境存在问题及生态修复总体思路探析［J］. 水利规划与设计（6）：32-34.

杨勇，2020. 矿山地质环境生态修复的有效性探究［J］. 冶金管理（11）：142-143.

陈玉博，2020. 民事司法视域下生态修复责任的法律困境及对策研究［J］. 信阳农林学院学报（2）：15-19.

蒋瑛珊，李优，2020. 国土空间生态修复理论与方法探讨［J］. 四川水泥（6）：348，350.

张泽，丘海红，胡宝清，2020. 广西西江流域石漠化区植被变化及气候驱动力研究［J］. 绿色科技（10）：130-133.

陈石磊，熊立华，查悉妮，等，2020. 考虑喀斯特地貌的分布式降雨径流模型在西江流域的应用［J］. 人民珠江（5）：17-24.

李海生，2020. 序言《环境科学研究》长江生态环境保护修复联合研究专刊［J］. 环境科学研究（5）：1063-1064.

刘柏音，刘孝富，王维，2020. 长江生态环境保护修复智慧决策平台构建与初步设计［J］. 环境科学研究（5）：1276-1283.

闫妍，黄凯燕，胡宝清，等，2020. 1965—2018年广西西江流域参考作物蒸散量时空演变及其影响因子［J］. 生态学杂志（5）：1676-1684.

彭苏萍，毕银丽，2020. 黄河流域煤矿区生态环境修复关键技术与战略思考 [J]. 煤炭学报

徐本鑫，储源，2020. 生态修复行政追责的路径回归与功能补强 [J]. 江西理工大学学报（2）：31-38.

马春花，宋尚文，张建国，等，2020. 濒危古树生态修复与保护工程技术研究：以孔子手植银杏为例 [J]. 山东林业科技（2）：90-92，94.

张菊梅，2020. 基于水土保持的生态修复特征及措施研究 [J]. 绿色科技（2）：55-56.

王冰心，赵宁，高含笑，2020. 煤矿区生态环境问题及生态修复研究 [J]. 陕西林业科技（2）：104-106，113.

马芳，2020. 祁连山国家公园（青海片区）脆弱生态环境保护与修复的法治保障 [J]. 青海民族大学学报（社会科学版）（2）：62-68.

李洋，薛瑞婷，2020. 生态环境损害修复综合运行平台构建 [J]. 农村经济与科技（6）：14-15.

钱挺，2020. 重金属矿山生态治理与环境修复分析 [J]. 环境与发展（3）：189-190.

刘海燕，蒋慧，胡宝清，2020. 广西西江流域土地利用变化的生态环境效应 [J]. 南宁师范大学学报（自然科学版）（1）：104-111.

蔡萌，2020. 水生态环境保护与修复工作分析 [J]. 资源节约与环保（3）：32.

李唐，2020. 生态资源保护与生态环境建设对策 [J]. 资源节约与环保（3）：19-20.

张立超，2020. 滨海湿地生态环境保护与修复对策研究 [J]. 低碳世界（3）：10-11.

黄纬东，徐本鑫，2020. 环境修复刑事法律责任机制的改进 [J]. 国家林业和草原局管理干部学院学报（1）：42-47.

第海涛，2020. 水生态环境保护与修复工作探讨 [J]. 居业（3）：144-145.

郭创，2020. 污染河道流域综合治理与生态修复 [J]. 中国资源综合利用（2）：186-188.

曹斌，2020. 剑江河水生态修复与治理方法分析 [J]. 建材与装饰（5）：298-299.

杨家鸿，2020. 试论矿山修复在生态环境建设工作中的作用 [J]. 农业开发与装备（1）：71，73.

李义松，刘丽鸿，2020. 我国生态环境损害修复责任方式司法适用的实证分析
　［J］. 常州大学学报（社会科学版）（1）：20-30.

王国飞，2020. 环境行政公益诉讼诉前检察建议：功能反思与制度拓新：基于
　自然保护区生态环境修复典型案例的分析［J］. 南京工业大学学报（社会科
　学版）（3）：43-57，111-112.

李佳静，刘威，邓培雁，2020. 柳江流域不同水文季节水质对附生硅藻群落的
　影响研究［J］. 生态科学（1）：10-19.

鲍淼，2020. 贵州省安顺市虹山湖湿地生态环境现状调查及修复工程探讨［J］.
　农家参谋（1）：142-143.

张明天，侯克鹏，王亚，等，2021. 晋宁磷矿排土场生态修复与景观再造研究
　［J］. 矿冶（5）：11-17.

王鹏，舒记，章道勇，等，2021. 基于生态保护的废弃矿山环境修复治理措施
　研究：以西和县某矿山为例［J］. 现代园艺（19）：150-153.

续衍雪，孙宏亮，马乐宽，等，2021. 基于《长江保护法》做好长江生态环境
　保护修复［J］. 环境保护（19）：56-59.

张红霞，张晶，2021. 生态环境损害赔偿资金管理的实证研究［J］. 中国检察
　官（19）：62-65.

潘莹，吴奇，施瑛，2021. 广东西江流域乡土聚落的水适应性景观营造模式研
　究［J］. 新建筑（5）：11-16.

万强，2021. 废弃矿山生态环境修复分区与修复方案研究［J］. 世界有色金属
　（17）：227-228.

聂梓锋，2021. 生态修复责任与刑事责任的衔接困境及解决路径［J］. 山东青
　年政治学院学报（5）：68-74.

卢娜娜，宁清同，2021. 生态修复责任司法实践之困境及对策探析［J］. 治理
　现代化研究（5）：90-96.

曹随娟，2021. 淮南矿区环境治理及生态修复实践探索［J］. 低碳世界（8）：
　35-36.

胡波银，2021. 矿山生态环境破坏与生态修复方案［J］. 低碳世界（8）：49-
　50.

孙雯，王月，杨聪剑，等，2021. 西江流域夏季降水时空变化特征及成因分析
　［J］. 人民珠江（7）：1-8.

李彦哲，2021. 生态环境损害中"赔偿损失"责任的问题检视与立法回应
　［J］. 环境生态学（7）：68-72.

卢锟，2021. 基于适应性管理的矿区生态环境修复制度优化研究 [J]. 中国矿业 （7）：58-63.

杜娜，2021. 新时代国土整治与生态修复转型思考 [J]. 南方农业 （20）：212-213.

胡永秀，2021. 环境生态修复法律责任制度问题及税法规制分析 [J]. 环境工程 （7）：259.

王慧，2021. 《民法典》生态环境修复请求权的二元构造及其实现路径 [J]. 安徽大学学报（哲学社会科学版）（4）：115-122.

乔刚，2021. 生态环境损害民事责任中"技改抵扣"的法理及适用 [J]. 法学评论 （4）：163-172.

李逸平，2021. 我国生态服务型经济发展的实践进展及突破策略 [J]. 西南金融 （7）：27-38.

张万洪，胡馨予，2021. "美丽中国"的实现迫切需要对环境犯罪匹配生态修复责任 [J]. 河南社会科学 （7）：77-83.

杨娟娟，2021. 关于采煤塌陷对生态环境的影响及修复技术研究 [J]. 内蒙古煤炭经济 （12）：35-36.

姜月华，倪化勇，周权平，等，2021. 长江经济带生态修复示范关键技术及其应用 [J]. 中国地质 （5）：1305-1333.

付文娟，2021. 环境犯罪中恢复性司法的量刑意义：以汪积平案为例 [J]. 广西质量监督导报 （6）：234-236.

沈阳，2021. 生态环境损害政府索赔制度的困局与出路：以公私法融合为视角 [J]. 四川环境 （3）：199-204.

代婷婷，刘加强，2021. 城市河道生态治理与环境修复研究 [J]. 中国资源综合利用 （6）：186-188，192.

任岳，龚巍峥，2021. 针对矿山生态环境问题的修复治理措施 [J]. 资源节约与环保 （6）：21-22.

彭小霞，2021. 集体经营性建设用地入市中生态管制的缺失及制度实现 [J]. 广西社会科学 （6）：134-142.

本刊编辑部，2021. 生态保护补偿：让保护修复生态环境获得合理回报 [J]. 环境保护 （12）：4.

秦越强，王志民，周业泽，等，2021. 准格尔旗煤炭矿集区生态环境问题与修复措施 [J]. 现代矿业 （6）：169-174.

白涛，李磊，黄强，等，2021. 西江流域压咸风险调度及其时空传递规律研究

［J］. 水力发电学报（10）：71-80.

叶岳，刘文华，2021. 西江流域亚热带常绿阔叶林土壤动物群落特征与环境因子的关系［J］. 西北林学院学报（3）：29-35.

张钰荃，高成，陈旭东，等，2021. 西江上游流域年径流系数变化规律及其影响因素分析［J］. 水电能源科学（5）：37-41.

赵宏文，王跃杰，徐立业，等，2021. "三农"领域生态环境修复处理工程建后服务探析［J］. 现代农业科技（10）：168-169.

刘文娟，2021. 基于湿地生态环境修复的麋鹿栖息地设计［J］. 水利技术监督（5）：139-142.

张妍，郭隽瑶，2021. 资源枯竭区经济转型发展研究：以徐州市潘安湖湿地公园为例［J］. 资源与人居环境（5）：37-41.

包智明，曾文强，2021. 生计转型与生态环境变迁：基于云南省Y村的个案研究［J］. 云南社会科学（2）：158-164，189.

刘德成，李玉倩，刘学贤，等，2021. 废弃矿山生态环境修复技术研究：以唐山市玉田县为例［J］. 四川地质学报（1）：98-102.

郝振国，2021. 浅谈祁连山生态环境整体性保护和系统性修复［J］. 甘肃农业（3）：79-80.

李帅，徐谦，曹刘明，等，2021. 山地条件施工中的自然环境修复与提升技术研究［J］. 工程技术研究（6）：245-246.

王克颖，2021. 黔南州废弃矿山调查及主要生态环境问题分析［J］. 世界有色金属（6）：225-226.

张林林，2021. 山西黄河沿岸生态环境及水土保持生态修复研究［J］. 山西水土保持科技（1）：18-19.

张刚，2021. 生态修复技术在现代园林艺术中的运用分析［J］. 南方农业（9）：63-64.

张婉军，辛存林，于奭，等，2021. 柳江流域河流溶解态重金属时空分布及污染评价［J］. 环境科学（9）：4234-4245.

韩康宁，2021. 黄河重点生态区生态修复的现状、问题与对策研究［J］. 三门峡职业技术学院学报（1）：24-31.

陈伟，2021. 生态环境损害额的司法确定［J］. 清华法学（2）：52-70.

肖强，赵腾宇，2021. 民法典绿色条款实施对土壤污染修复责任法律制度的影响［J］. 天津法学（1）：5-11.

张璐，2021. 环境法与生态化民法典的协同［J］. 现代法学（2）：171-191.

多晓松，邓朝文，胡冲，2021. 在承德露天矿山地质环境修复治理勘查设计中的思考［J］. 西部探矿工程（4）：41-43，46.

徐以祥，2021.《民法典》中生态环境损害责任的规范解释［J］. 法学评论（2）：144-154.

李霞，周自强，刘兴荣，等，2021. 甘肃祁连山国家级自然保护区矿山生态修复技术研究［J］. 工程技术研究（5）：235-236.

柳利霞，2021. 环境侵权中修复责任的体现：以水污染侵权纠纷为例［J］. 法制博览（7）：5-8.

何璐希，2021. 多元共治背景下生态环境损害代修复之刍议：以《民法典·侵权责任编》第1234条为视角［J］. 哈尔滨工业大学学报（社会科学版）（2）：28-35.

孟庆瑜，徐艺霄，2021. 生态环境修复基金制度构建的实证分析与理论设想［J］. 河北学刊（2）：163-169.

翟如伟，罗跃，朱雯雯，等，2021. 徐州市铜山区出头山废弃矿山生态环境影响及生态修复方案浅析［J］. 能源技术与管理（1）：160-161.

崔伟，刘苗，2021. 矿山生态环境的污染和生态修复［J］. 资源节约与环保（2）：38-39.

刘佳奇，2021.《长江保护法》中生态环境保护制度体系的逻辑展开［J］. 环境保护（Z1）：36-41.

程秀兵，2021. 小型湖泊面临的生态环境问题及其治理修复对策探讨［J］. 南方农业（6）：199-201.

秘明杰，田莹莹，2021. 我国政府部门主张生态环境损害赔偿的法律分析［J］. 行政与法（2）：33-41.

王振琳，2021. 城市水环境生态修复问题及解决办法［J］. 山西水利（1）：11-12.

王小钢，2021.《民法典》第1235条的生态环境恢复成本理论阐释：兼论修复费用、期间损失和永久性损失赔偿责任的适用［J］. 甘肃政法大学学报（1）：1-10.

李阳，2021. 基于生态修复背景下的国土综合整治分析［J］. 华北自然资源（1）：109-110.

赵美珍，蒋茹，2021. 环境侵权视域中修复责任之解构：兼议《民法典》第一千二百三十四条［J］. 常州大学学报（社会科学版）（1）：30-39.

唐绍均，黄东，2021. 环境罚金刑"修复性易科执行制度"的创设探索［J］.

中南大学学报（社会科学版）（1）：53-64.

张翔，2021. 关注治理效果：环境公益诉讼制度发展新动向 [J]. 江西社会科学（1）：152-161.

余臻，吴俊穗，詹文庆，2021. 保护修复农业生态环境，促进我市农业可持续发展 [J]. 农家参谋（2）：193-194.

刘聪，2021. 露天矿山生态环境综合治理途径分析及实例 [J]. 现代矿业（1）：238-240.

李义松，周雪莹，2021. 我国环境行政代履行制度检视 [J]. 学海（1）：141-149.

刘松，陈立华，丁星臣，等，2021. 西江流域主要水文站近40年径流变化分析研究 [J]. 人民长江（S2）：52-55.

徐开春，2021. 柳江流域航道整治工程建筑物性能评价研究 [J]. 西部交通科技（10）：182-185.

李鑫，邓培雁，刘威，2021. 柳江流域大型底栖动物群落结构及其与水质因子的关系 [J]. 华南师范大学学报（自然科学版）（5）：53-61.

李江，岳春芳，2021. 新疆尾闾湖泊生态环境保护与修复措施的实践和探讨 [J]. 环境与可持续发展（5）：73-80.

王洋，2021. 喀什噶尔河生态环境现状与修复保障对策 [J]. 环境与可持续发展（5）：89-92.

姚文静，孙述海，于巾萃，2021. 矿山地质灾害治理及生态修复研究 [J]. 中国金属通报（10）：185-186.

郭永东，2021. 矿山生态环境中美术设计及相关问题分析 [J]. 中国金属通报（10）：225-226.

陈立宏，董瑞，2021. 非法采矿，刑事民事责任双追究 [J]. 环境（10）：64-65.

李栋，顾伟，2021. 生态环境保护修复责任制度的规范化展开：刑事制裁、民事赔偿和生态补偿有机衔接 [J]. 山西警察学院学报（4）：28-34.

赵玉琪，2021. 市政工程建设对周边生态环境的影响及修复措施研究 [J]. 环境科学与管理（10）：152-156.

李复勇，唐尧，张成信，等，2021. 矿山地质环境影响评价及修复研究：以汶川某废弃露天矿山为例 [J]. 中国地质调查（5）：122-128.

黄蕾，江磊，黄雨佳，2021. 离子型稀土矿区土壤生态环境恢复评价与修复障碍因素识别研究 [J]. 环境生态学（10）：1-5.

江凡，2021. 桂林漓江流域生态环境现状分析及修复治理研究［J］. 资源信息与工程（5）：115-117.

杨婉清，杨鹏，孙晓，等，2022. 北京市景观格局演变及其对多种生态系统服务的影响分析［J］. 生态学报（16）：1-13.

胡继然，姚娟，2022. 基于草地生态系统服务认知的牧民生计选择研究：以新疆喀拉峻天山世界自然遗产地为例［J］. 生态学报（16）：1-9.

章屹祯，汪涛，张晗，2022. 产业集聚对雾霾污染与生态效率的非线性影响及溢出效应［J］. 生态学报（16）：1-14.

翁升恒，张方敏，卢燕宇，等，2022. 淮河流域蒸散时空变化与归因分析［J］. 生态学报（16）：1-13.

范春苗，王志泰，汤娜，等，2022. 基于形态学空间格局和空间主成分的贵阳市中心城区生态网络构建［J］. 生态学报（16）：1-13.

董轩妍，胡忠文，吴金婧，等，2022. 基于多源数据的住区生态宜居性评价：以深圳市为例［J］. 生态学报（16）：1-13.

谢慧明，毛狄，沈满洪，2022. 流域上游居民接受生态补偿意愿及其偏好研究：以新安江流域为例［J］. 生态学报（16）：1-11.

苏宁，丁国栋，杜林芳，等，2022. 人类活动对资源型城市生态系统服务价值的影响：以鄂尔多斯为例［J］. 生态学报（16）：1-11.

胡影，冯晓明，巩杰，2022. 基于生态系统服务的宁夏回族自治区自然：社会经济协调性分析［J］. 生态学报（16）：1-11.

吴之见，杜思敏，黄云，等，2022. 基于生态系统生产总值核算的生态保护成效评估：以赣南地区为例［J］. 生态学报（16）：1-14.

陕永杰，魏绍康，原卫利，等，2022. 长江三角洲城市群"三生"功能耦合协调时空分异及其影响因素分析［J］. 生态学报（16）：1-12.

徐军，钟友琴，2022. 恢复性司法在生态环境刑罚中的定位重构［J］. 环境污染与防治（4）：552-556.

文婷，李胜，李眉，2022. 湖南省湘乡市矿山生态环境现状及修复措施研究［J］. 南方金属（2）：27-31.

巩固，2022. 生态损害赔偿制度的模式比较与中国选择：《民法典》生态损害赔偿条款的解释基础与方向探究［J］. 比较法研究（2）：161-176.

邓铭江，2022. 干旱内陆河流域河湖生态环境复苏关键技术［J］. 中国水利（7）：21-27.

王小伟，叶茜位，2022. 生态修复助力绿色发展：河南省地质矿产勘查开发局第一地质环境调查院转型发展纪实 [J]. 资源导刊 (4)：42.

黄豪奔，徐海量，林涛，等，2022.2001—2020 年新疆阿勒泰地区归一化植被指数时空变化特征及其对气候变化的响应 [J]. 生态学报 (7)：2798-2809.

陈晓红，许晓庆，刘艳军，等，2022. 基于三生空间质量的哈长城市群城市脆弱性时空演变格局及驱动力研究 [J]. 生态学报 (15)：1-11.

李先波，胡惠婷，2022. 长江流域生态环境修复的困境与应对 [J]. 南京工业大学学报 (社会科学版)：1-11.

何少钦，2022. 莆田市东圳水库水生态环境现状分析及修复探究 [J]. 亚热带水土保持 (1)：27-33.

徐以祥，马识途，2022. 生态环境损害预防与救济中的行政代履行：功能定位与规范调适 [J]. 中南大学学报 (社会科学版) (2)：93-105.

李雯，2022. 水循环视角下水生态环境修复治理研究 [J]. 能源与节能 (3)：165-167.

陆军，2022. 持续实施长江大保护，深入推动长江生态环境保护修复 [J]. 中国环境监察 (Z1)：42-44.

陈像，杨毅，2022. 矿山地质灾害治理及生态环境修复探讨 [J]. 中国井矿盐 (2)：28-30.

李海生，杨鹊平，赵艳民，2022. 聚焦水生态环境突出问题，持续推进长江生态保护修复 [J]. 环境工程技术学报 (2)：336-347.

马莹，孙鹏，许占军，等，2022. 基于微生物载体技术的沟渠生态修复治理体系的构建及工程应用 [J]. 环境工程学报：1-13.

刘倩，王彬，2022. 生态修复：从民事法律责任到行政法律义务 [J]. 环境污染与防治 (3)：409-412，419.

宰飞，2022. 上海：一条刀鱼背后的长江大保护 [J]. 当代贵州 (11)：70-71.

宋立全，2022. 水资源保护与水生态环境修复研究 [J]. 长江技术经济 (S1)：23-25.

王红，2022. 农业生态环境修复治理措施探索 [J]. 农家参谋 (5)：49-51.

周峨春，郭子麟，2022. 从司法先行到罪刑法定：环境修复在刑法中的确立和展开 [J]. 中南林业科技大学学报 (社会科学版) (1)：72-79.

张顺林，2022. 中国贵州省黔南州都柳江流域历史遗留锑污染调查分析 [J]. 节能环保，7 (3).

李景豹，2022. 环境修复诉求案件诉讼费的认定及承担 [J]. 贵州大学学报

（社会科学版）（2）：100-110.

任洪涛，唐珊瑚，2022. 论生态环境修复责任与生态损害赔偿责任的衔接与适用：以《民法典》第1234条、1235条为研究视角［J］. 中国政法大学学报（2）：193-203.

付宇佳，潭昌海，刘晓煌，等，2022. 自然资源定义、分类，观测监测及其在国土规划治理中的应用［J］. 中国地质：1-24.

吕忠梅，2022. 公益诉讼守护长江生物多样性：王小朋等59人非法捕捞、贩卖、收购鳗鱼苗案［J］. 法律适用（3）：3-12.

石一，2022. 中兰环保，固废防治［J］. 经理人（3）：39-41.

杨昌彪，2022. 反思与重构：生态环境损害诉讼的裁判执行机制探析［J］. 青海社会科学（1）：155-163.

沈晓云，任洪涛，2022. 矿山生态修复责任落实的现实困境与对策探析［J］. 新东方（1）：53-58.

景文东，2022. 小群落水生植物在受污染园林生态环境修复中的应用［J］. 广西林业科学（1）：122-127.

郭家增，渠玉冰，周世全，等，2022. 南阳蒲山石灰岩矿山地质公园规划建设构想［J］. 现代矿业（2）：45-51.

钟琪，郭进利，2022. 西江流域广西段区域经济差异的时空演变特征［J］. 科技和产业（2）：202-210.

尚红霞，2022. 矿山周围生态环境修复与治理研究［J］. 能源与环保（2）：7-12.

潘静云，章柳立，李挚萍，等，2022. 陆海统筹背景下我国海洋生态修复制度构建对策研究［J］. 海洋湖沼通报（1）：152-159.

赵柳青，房正荣，徐志永，2022. 生态修复助力生态系统服务价值提升：宁夏贺兰山生态环境整治修复实践［J］. 林业建设（1）：42-46.

于敬冉，秦勇，2022. 我国生态修复责任的法律性质与规范构造［J］. 青岛农业大学学报（社会科学版）（1）：65-72.

郑鑫，张雪梅，孔慈明，等，2022. 柳江流域水体及鱼类重金属含量研究［J］. 化工设计通讯（1）：180-183.

游志强，2022. 生态修复责任的基础研究与实现路径［J］. 重庆大学学报（社会科学版）：1-10.

许旺，唐力，曾清怀，等，2022. 西江流域气候变化下未来时期降雨的时空变化［J］. 华中师范大学学报（自然科学版）（2）：342-346.

WANGY, SHI Y M, ZHAO J . 2013. Environment study on Liaohe river basin eco-
logical footprint and ecological restoration measures [J]. Advanced Materials Re-
search, 830 (830): 372-375.

XUT, NI Q, YAO L Y, et al., 2020. Public preference analysis and social benefits
evaluation of river basin ecological restoration: application of the choice experiments
for the Shiyang river, China [J]. Discrete Dynamics in Nature and Society (1):
1-12.

SARKAR A, BARDHAN R, 2020. Improved indoor environment through optimized
ventilator and furniture positioning: a case of slum rehabilitation housing, Mumbai,
India [J]. Frontiers of Architectural Research, 9 (2): 350-369.

RÍOSHERNÁNDEZ M, JACINTO-VILLEGAS J M, PORTILLO-RODRÍGUEZ O,
et al., 2021. User-centered design and evaluation of an upper limb rehabilitation
system with a virtual environment [J]. Applied Sciences, 11 (20): 9500.

JOHANNA P, DOUGLAS C, MATTIAS W, et al., 2021. A virtual smash room for
venting frustration or just having fun: participatory design of virtual environments in
digitally reinforced cancer rehabilitation [J]. JMIR rehabilitation and assistive
technologies, 8 (4): e29763.

Botta R, Borsum J S, Camp E V, et al., 2021. Short-term economic impacts of eco-
logical restoration in estuarine and coastal environments: a case study of Lone Cab-
bage Reef [J]. Restoration Ecology, 30 (1): 1-9.

YU L, TANG B, ZOU Y, 2021. Ecological environment monitor and protection of
forest rehabilitation center based on remote sensing image [J]. Frontiers in Eco-
nomics and Management, 2 (3): 209-213.

JORQUERAC B, MORENO-SWITT A, SALLABERRY-PINCHEIRA N, et al.,
2021. Antimicrobial resistance in wildlife and in the built environment in a wildlife
rehabilitation center [J]. One Health (13): 100298.

KINANTHIR, DJIMANTORO M, SURYAWINATA B, 2021. The principles of
healing environment in sexual harassment rehabilitation centre [J]. IOP Confer-
ence Series: Earth and Environmental Science, 794 (1) 12195.

LI J, LIN B, 2022. Landscape planning of stone mine park under the concept of eco-
logical environment restoration [J]. Arabian Journal of Geosciences, 15 (7):
671.

SWETHA J V, JESSICA R G, KASHVI G, et al., 2022. Virtual application-supported environment to increase exercise during cardiac rehabilitation study (valentine) study: rationale and design [J]. American heart journal (248): 53-62.

LiZ, Xie J, Yang J, et al., 2022. Dynamic monitoring and analysis of ecological environment in the coastal tourist destinations of Sanya city, Hainan [J]. IOP Conference Series: Earth and Environmental Science, 1004 (1): 12004.